U0219115

普通高等教育农业部"十二五"规划教材

# 动物病理解剖学实验

## Dongwu Bingli Jiepouxue Shiyan

马德星 主编

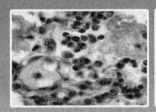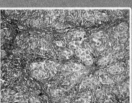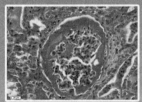

中国农业大学出版社

CHINA AGRICULTURAL UNIVERSITY PRESS

# 内 容 简 介

《动物病理解剖学实验》一书共包括 16 章,为便于学生掌握主要理论知识点,各章节中对大体标本和病理组织学标本的基本观察要点进行了简要归纳总结;同时,为便于学生更直观地掌握和记忆病理学变化要点,书中提供了 120 多幅(80 余种)重要病理组织学图片和近 30 幅典型大体病变图片来增强直观性。本书简明扼要,图文并茂,是动物医学专业本科生、研究生以及其他相关专业研究生的重要参考书籍。

**图书在版编目(CIP)数据**

动物病理解剖学实验/马德星主编. —北京:中国农业大学出版社,2014.12
ISBN 978-7-5655-1136-3

Ⅰ.①动… Ⅱ.①马… Ⅲ.①动物疾病-病理解剖学-实验 Ⅳ.①S852.31-33

中国版本图书馆 CIP 数据核字(2014)第 285467 号

| | | |
|---|---|---|
| 书　　名 | 动物病理解剖学实验 | |
| 作　　者 | 马德星　主编 | |
| 策划编辑 | 宋俊果　潘晓丽 | 责任编辑　韩元凤 |
| 封面设计 | 郑　川 | |
| 出版发行 | 中国农业大学出版社 | |
| 社　　址 | 北京市海淀区圆明园西路 2 号 | 邮政编码　100193 |
| 电　　话 | 发行部 010-62818525,8625 | 读者服务部 010-62732336 |
| | 编辑部 010-62732617,2618 | 出　版　部 010-62733440 |
| 网　　址 | http://www.cau.edu.cn/caup | e-mail cbsszs @ cau.edu.cn |
| 经　　销 | 新华书店 | |
| 印　　刷 | 涿州市星河印刷有限公司 | |
| 版　　次 | 2015 年 1 月第 1 版　2015 年 1 月第 1 次印刷 | |
| 规　　格 | 787×1 092　16 开本　8 印张　193 千字　彩插 2 | |
| 定　　价 | 20.00 元 | |

**图书如有质量问题本社发行部负责调换**

# 编 审 人 员

**主　编**　马德星　东北农业大学

**副主编**　马春丽　东北农业大学

**参　编**　常灵竹　沈阳农业大学

　　　　　　葛俊伟　东北农业大学

　　　　　　贺文琦　吉林大学

　　　　　　胡海霞　西南大学

　　　　　　黄小丹　东北农业大学

　　　　　　唐雨顺　辽宁医学院

　　　　　　王　衡　华南农业大学

　　　　　　危延武　哈尔滨兽医研究所

　　　　　　么宏强　内蒙古农业大学

　　　　　　张瑞莉　东北农业大学

**主　审**　李广兴　东北农业大学

# 前　言

　　《动物病理解剖学实验》一书是在东北农业大学自编教材《兽医病理解剖学实验指导》的基础上进行补充和完善而成。原自编教材沿用多年，对东北农业大学动物医学专业教学起到了较好的指导作用，但其采用的是纯文字描述方式，缺乏直观感，不利于初学者对相关知识点的充分理解和记忆。为了适应当前高等农业院校动物病理解剖学教学方式方法快速发展的需要，我们组织了相关院校和科研院所的骨干人员在原教材基本框架下，对相关内容进行了补充和完善，大幅度增加了图片资料，更名为《动物病理解剖学实验》。

　　全书共 16 章，为便于学生掌握主要理论知识点，各章节中对大体标本和病理组织学标本的基本观察要点进行了简要的归纳总结；同时，为便于学生更直观地掌握和记忆病理学变化要点，本书提供了 120 多幅（80 余种）重要病理组织学图片和近 30 幅典型大体病变图片，以增强直观性。本书简明扼要，图文并茂，是动物医学专业本科生、研究生以及其他相关专业研究生的重要参考书籍。

　　本书编写人员均为多年从事兽医病理工作和科研的一线人员，具体撰写分工如下：马德星：第 1～9 章，附录；马春丽：第 12～15 章；贺文琦，黄小丹，胡海霞，王衡：第 10 章；唐雨顺，危延武，常灵竹：第 11 章；葛俊伟，么宏强，张瑞莉：第 16 章。

　　马德星和马春丽负责全书统稿以及图片的采集与整理，与参编人员共同对全书进行了校对。全书由东北农业大学兽医病理解剖学教研室李广兴教授审阅。

　　本书编写人员在编写期间付出了最大的努力，但因编写水平和能力有限，仍难免有不妥甚至错误之处，敬请同行专家和广大读者批评指正，以使本书在使用和交流中不断完善和提高。

马德星

2014 年 10 月于哈尔滨

# 目　　录

第一章　局部循环障碍 ⋯⋯⋯⋯⋯⋯⋯⋯⋯⋯⋯⋯⋯⋯⋯⋯⋯⋯⋯⋯ 1
　　第一节　局部血液循环障碍 ⋯⋯⋯⋯⋯⋯⋯⋯⋯⋯⋯⋯⋯⋯⋯ 1
　　第二节　组织液循环障碍——水肿 ⋯⋯⋯⋯⋯⋯⋯⋯⋯⋯⋯ 7
第二章　细胞和组织的损伤 ⋯⋯⋯⋯⋯⋯⋯⋯⋯⋯⋯⋯⋯⋯⋯⋯ 11
　　第一节　萎缩 ⋯⋯⋯⋯⋯⋯⋯⋯⋯⋯⋯⋯⋯⋯⋯⋯⋯⋯⋯⋯ 11
　　第二节　变性 ⋯⋯⋯⋯⋯⋯⋯⋯⋯⋯⋯⋯⋯⋯⋯⋯⋯⋯⋯⋯ 13
　　第三节　病理性物质沉着 ⋯⋯⋯⋯⋯⋯⋯⋯⋯⋯⋯⋯⋯⋯⋯ 22
　　第四节　坏死 ⋯⋯⋯⋯⋯⋯⋯⋯⋯⋯⋯⋯⋯⋯⋯⋯⋯⋯⋯⋯ 24
　　第五节　梗死 ⋯⋯⋯⋯⋯⋯⋯⋯⋯⋯⋯⋯⋯⋯⋯⋯⋯⋯⋯⋯ 27
第三章　细胞和组织的适应性反应 ⋯⋯⋯⋯⋯⋯⋯⋯⋯⋯⋯⋯ 30
　　第一节　增生与肥大 ⋯⋯⋯⋯⋯⋯⋯⋯⋯⋯⋯⋯⋯⋯⋯⋯⋯ 30
　　第二节　创伤愈合 ⋯⋯⋯⋯⋯⋯⋯⋯⋯⋯⋯⋯⋯⋯⋯⋯⋯⋯ 31
　　第三节　机化和包囊形成 ⋯⋯⋯⋯⋯⋯⋯⋯⋯⋯⋯⋯⋯⋯⋯ 32
第四章　炎症 ⋯⋯⋯⋯⋯⋯⋯⋯⋯⋯⋯⋯⋯⋯⋯⋯⋯⋯⋯⋯⋯⋯ 35
　　第一节　变质性炎 ⋯⋯⋯⋯⋯⋯⋯⋯⋯⋯⋯⋯⋯⋯⋯⋯⋯⋯ 35
　　第二节　渗出性炎 ⋯⋯⋯⋯⋯⋯⋯⋯⋯⋯⋯⋯⋯⋯⋯⋯⋯⋯ 36
　　第三节　增生性炎 ⋯⋯⋯⋯⋯⋯⋯⋯⋯⋯⋯⋯⋯⋯⋯⋯⋯⋯ 40
第五章　肿瘤 ⋯⋯⋯⋯⋯⋯⋯⋯⋯⋯⋯⋯⋯⋯⋯⋯⋯⋯⋯⋯⋯⋯ 43
第六章　心脏血管系统病理 ⋯⋯⋯⋯⋯⋯⋯⋯⋯⋯⋯⋯⋯⋯⋯⋯ 47
　　第一节　心包炎 ⋯⋯⋯⋯⋯⋯⋯⋯⋯⋯⋯⋯⋯⋯⋯⋯⋯⋯⋯ 47
　　第二节　心肌炎 ⋯⋯⋯⋯⋯⋯⋯⋯⋯⋯⋯⋯⋯⋯⋯⋯⋯⋯⋯ 49
　　第三节　心内膜炎 ⋯⋯⋯⋯⋯⋯⋯⋯⋯⋯⋯⋯⋯⋯⋯⋯⋯⋯ 50
第七章　呼吸系统病理 ⋯⋯⋯⋯⋯⋯⋯⋯⋯⋯⋯⋯⋯⋯⋯⋯⋯⋯ 53
　　第一节　肺炎 ⋯⋯⋯⋯⋯⋯⋯⋯⋯⋯⋯⋯⋯⋯⋯⋯⋯⋯⋯⋯ 53
　　第二节　肺气肿 ⋯⋯⋯⋯⋯⋯⋯⋯⋯⋯⋯⋯⋯⋯⋯⋯⋯⋯⋯ 56
第八章　消化系统病理 ⋯⋯⋯⋯⋯⋯⋯⋯⋯⋯⋯⋯⋯⋯⋯⋯⋯⋯ 58
　　第一节　胃炎与肠炎 ⋯⋯⋯⋯⋯⋯⋯⋯⋯⋯⋯⋯⋯⋯⋯⋯⋯ 58
　　第二节　中毒性肝营养不良 ⋯⋯⋯⋯⋯⋯⋯⋯⋯⋯⋯⋯⋯⋯ 60
　　第三节　肝炎 ⋯⋯⋯⋯⋯⋯⋯⋯⋯⋯⋯⋯⋯⋯⋯⋯⋯⋯⋯⋯ 61
　　第四节　肝硬变 ⋯⋯⋯⋯⋯⋯⋯⋯⋯⋯⋯⋯⋯⋯⋯⋯⋯⋯⋯ 63
第九章　泌尿系统病理 ⋯⋯⋯⋯⋯⋯⋯⋯⋯⋯⋯⋯⋯⋯⋯⋯⋯⋯ 65
　　第一节　肾小球肾炎 ⋯⋯⋯⋯⋯⋯⋯⋯⋯⋯⋯⋯⋯⋯⋯⋯⋯ 65
　　第二节　间质性肾炎与化脓性肾炎 ⋯⋯⋯⋯⋯⋯⋯⋯⋯⋯ 67

**第十章　造血和淋巴系统病理** ················································· 70
　第一节　淋巴结炎 ················································· 70
　第二节　脾炎 ················································· 72
**第十一章　神经系统病理** ················································· 74
　第一节　非化脓性脑炎 ················································· 74
　第二节　化脓性脑炎 ················································· 75
**第十二章　代谢病及中毒病病理** ················································· 77
　第一节　白肌病 ················································· 77
　第二节　纤维性骨营养不良 ················································· 78
**第十三章　病毒性传染病病理** ················································· 80
　第一节　猪瘟 ················································· 80
　第二节　马传染性贫血 ················································· 82
　第三节　狂犬病 ················································· 83
　第四节　鸡白血病 ················································· 84
　第五节　鸡马立克氏病 ················································· 87
**第十四章　细菌性传染病病理** ················································· 90
　第一节　猪丹毒 ················································· 90
　第二节　猪巴氏杆菌病 ················································· 91
　第三节　禽霍乱 ················································· 93
　第四节　沙门氏菌病 ················································· 94
　第五节　结核病 ················································· 97
　第六节　副结核病 ················································· 100
　第七节　鼻疽 ················································· 101
**第十五章　寄生虫病病理** ················································· 105
　第一节　鸡球虫病 ················································· 105
　第二节　猪弓形体病 ················································· 106
**第十六章　支原体性疾病病理** ················································· 109
　第一节　牛传染性胸膜肺炎 ················································· 109
**附录** ················································· 111
　附录Ⅰ　病理大体标本制作 ················································· 111
　附录Ⅱ　病理组织学切片制作与观察 ················································· 112
**参考文献** ················································· 118

# 第一章  局部循环障碍

## 第一节  局部血液循环障碍

### 一、实验目的

熟练掌握局部血液循环障碍一节的基本概念,包括充血、瘀血、出血、血栓、梗死,及其形态学类型和对机体的影响。正确鉴别充血与瘀血、血栓与死后血凝块。

### 二、实验内容

**1.充血(动脉性充血)**

大体标本观察:脑充血(马)、肺充血和出血(马)、肠管浆膜充血(鸡)、睾丸充血(鸡)。

组织切片观察:脑充血(马)、皮下炎性水肿(羊)、肺充血(马)。

**2.瘀血(静脉性充血)**

大体标本:肝瘀血(猪)、肠套叠致肠系膜血管瘀血(猪)、慢性脾瘀血(马)、急性肺瘀血(猪)。

组织切片:肝瘀血(马)、肺瘀血(大鼠)。

**3.出血**

大体标本:心内膜出血(马)、肾出血(牛)、淋巴结出血(猪)。

组织切片:淋巴结出血(牛)、肺充血(猪)、肾出血(牛)、心冠脂肪出血(猪)。

**4.血栓**

大体标本:肺血管血栓(马)、主动脉附壁性混合血栓(猪)、肌间血管血栓形成及再疏通(猪)。

组织切片:肺脏血管白色血栓(猪)、肌外膜血管血栓及血管内皮增生(马)、主动脉附壁性混合血栓(马)。

### 三、实验标本观察

#### (一)充血(hyperemia)

**1.病变观察要点**

(1)眼观形态  充血器官的体积可以不同程度地增大。器官表面和切面颜色鲜红,一些器官(以黏膜和浆膜多见)表面可见扩张的小动脉和毛细血管,呈树枝状。标本固定后充血血管呈现黑色。

(2)组织学形态  充血组织中小动脉和毛细血管扩张,数量增加,血管管腔中充满红细胞,血管壁无明显变化。

2.大体标本观察

(1)脑充血　标本为马传染性脑脊髓炎的大脑,大脑表面脑回部血管高度扩张,并充满血液。正常情况下眼观认不出或不易认出的脑回部小血管在致病因素作用下扩张充血,呈现明显的红色纤细树枝状,并可见有散在分布的针尖大小红点(出血点)。如固定时间较久,红色及出血点消退后不易清晰认出。大脑切面灰白红色,可见米粒大小的小红点(充血血管断端)。

(2)肺充出血　标本为马的肺脏,正常情况下肺脏为有光泽的粉白色。该肺脏标本因充血而呈现暗红色,肺脏表面各小叶的小叶间隔清楚,肺泡不明显,但仍可认出。在暗红色的肺脏表面可见有几处粟粒大到黄豆粒大不等的圆形暗红色致密斑点(出血点),一些出血点已融合成片状。

(3)肠管浆膜充血　标本是柔嫩艾美尔球虫感染鸡的回肠,可见肠管浆膜面小血管呈现叶脉状扩张,并充满血液。

(4)鸡睾丸充血　标本是硒中毒实验鸡的睾丸,睾丸大小变化不明显,被膜下血管显著扩张呈树枝状,充满血液,此即为血管充血。

3.组织切片观察

(1)脑充血(图1-1)　标本采自马传染性脑脊髓炎病死马的大脑皮层。低倍镜观察,可见组织中大小血管及毛细血管均扩张充血,伊红浓染,血管周围有明显增宽的无结构透明区(→),血管间隙增宽一方面是因为血管炎性充血和渗出,另一方面可能是在制片过程中人为造成血管壁与周围脑组织分离。高倍镜观察可见上述血管内充满大量红细胞(↑),较大的动脉血管可以清晰认出血管壁,毛细血管管壁可见一层扁平内皮细胞,一些毛细血管观察不到内皮细胞,毛细血管内可见红细胞。较大血管内的红细胞集团周边规整,血管以外的脑组织中观察不到红细胞,个别区域中见较少量红细胞可能是因为在切片时血细胞随切片带到血管壁附近组织。

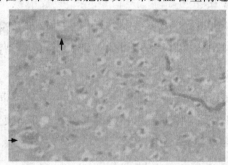

A.HE 4×　　　　　　　　　　　　　　B.HE 10×

图1-1　脑充血

(2)皮下炎性水肿与充血(图1-2,彩图1-2)　标本是山羊的耳壳。低倍镜下在标本中可见到一条伊红淡染的透明软骨(↑)。软骨两侧的组织,较厚的一侧为耳壳外侧,较薄的一侧为耳壳内侧。低倍镜下观察耳壳外侧,见有较多呈圆形、长圆形或条状的毛细血管,管腔内充满大量红细胞,即充血。低倍镜下还可以观察到一些椭圆形小体,中心为浅白色,外层为均质红色,再外层是蓝紫色细胞,这一结构是毛根(←)。在整个背景上的均质黄白色无结构的物质是因为血管瘀血,血管壁通透性增强,液体成分渗出而发生的水肿(☆)。高倍镜观察,可见血管内充满大量红细胞,因多为毛细血管,血管壁见有一层扁平的内皮细胞。

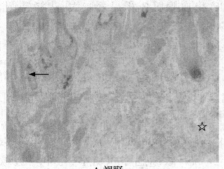

A.视野一                          B.视野二

图 1-2 皮下炎性水肿(HE 10×)

## (二)瘀血(congestion)

**1.病变观察要点**

(1)眼观形态 瘀血器官体积不同程度增大;表面和切面呈暗红色;器官表面一般可见小血管和毛细血管扩张,标本固定后瘀血血管呈黑色。

(2)组织学形态 组织中小静脉和毛细血管扩张,充满红细胞。组织中可见伊红淡染水肿液、红细胞及含有含铁血黄素的巨噬细胞。瘀血时间较长的器官,可见实质细胞萎缩甚至消失,间质结缔组织细胞增生。

**2.大体标本观察**

(1)急性肝瘀血 标本为急性猪肺疫病猪的肝脏。应该指出,猪肝正常时小叶象比其他动物清楚,肝脏体积显著肿大,被膜紧张,边缘钝圆、表面光滑平坦,呈暗紫红色,由表面可清楚认出肝小叶象。切面可看到所有血管均扩张充血,肝小叶由于中央静脉及其附近的肝血窦高度扩张充血,致小叶呈均匀的暗红色斑点状。小叶与小叶之间呈灰白黄色,此为肝小叶边缘部发生了脂肪变性,同时小叶的间质部已开始出现结缔组织增生,特别是小叶体积缩小而间质增宽的部分尤为明显。

(2)慢性肝瘀血 标本为病程迁延的猪肺疫病猪的肝脏,瘀血的中央静脉及肝血窦呈暗红色,脂肪变性的肝脏实质呈现黄色,因而肝切面呈现红黄相互交错的斑纹,形似槟榔的剖面,所以称为"槟榔肝"(图 1-3)。

(3)肠套叠 标本是猪的一段小肠。可见前部一段肠管套入下一段肠腔,套叠部分所属肠系膜也同时套入,肠系膜血管因此受到压迫,血液回流受阻,引起瘀血,呈现暗红色。套叠部分前段和后段肠管呈粉红色。

图 1-3 慢性肝瘀血(槟榔肝)(大体标本)

(4)急性肺瘀血 标本为急性猪肺疫病猪的肺脏,瘀血肺脏体积增大,胸膜表面光滑,切面灰红色,质地较硬实,若为新鲜标本,则切面湿润,有泡沫状液体流出。

（5）慢性脾瘀血　标本为马传染性贫血脾脏，瘀血脾脏体积显著肿大，边缘钝圆，被膜紧张，切面暗红色，质地柔软易碎。有的脾脏可见灰白楔形或不规则形凝固性坏死灶。

3.组织切片观察

（1）肝瘀血（图1-4）　标本为马肝脏瘀血切片，因材料固定不及时，红细胞开始溶解，所以视野中红细胞轮廓不清，着色力减弱，呈黄红色。低倍镜下可见多数中央静脉呈圆形或长条状，其周围似放射状的黄红色部分，是因为中央静脉高度扩张充血，导致其附近肝血窦（窦状隙）扩张充血（←）。选定以中央静脉为中心的肝小叶，高倍镜可见小叶中心部肝细胞索排列零乱不整，肝细胞由于瘀血的压迫和处于氧缺乏状态，致细胞体积缩小（与小叶边缘部的肝细胞比较观察即可认出）和发生脂肪变性（↑）。脂肪变性表现为在肝细胞内出现大小不等的圆形脂肪滴，脂肪在苏木紫-伊红染色时可被脂溶剂溶出，脂肪滴存在部位为白色圆形空泡，视野中所见到的空泡即为原脂肪滴的所在部位，表明有脂肪营养不良的变化。此标本主要观察瘀血，其次应理解由于瘀血而引起的肝实质萎缩和脂肪变性，为后续章节学习打下基础。

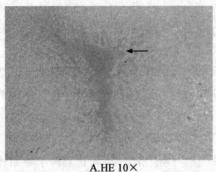 

A.HE 10×　　　　　　　　　　　　　　B.HE 20×

图1-4　肝瘀血

（2）肺瘀血（图1-5）　标本为大鼠肺脏瘀血切片，低倍镜下移动组织切片识别细小支气管和肺泡。之后观察肺泡壁和肺间质，可见到肺泡壁毛细血管和肺间质小血管扩张充满红细胞，小支气管周围浸润大量炎性细胞（↑）。高倍镜观察可见小动脉血管壁增厚，甚至管腔闭锁。

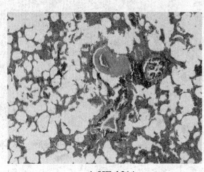 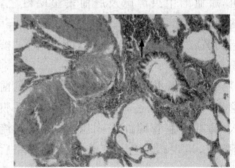

A.HE 10×　　　　　　　　　　　　　　B.HE 20×

图1-5　肺瘀血

## （三）出血（hemorrhage）

1.病变观察要点

（1）眼观形态　小如针尖或粟粒大的点状出血灶称瘀点，黄豆大或更大些的出血灶称瘀斑，弥散于组织内的条纹状或片状出血称出血性浸润。皮肤、浆膜、黏膜的出血可呈点状、片状暗红色，活体皮肤的出血按压不褪色。

皮下组织或实质器官内出血时可形成大小不等的血肿，标本固定后出血区呈黑色，出血灶大者出血部位组织可被破坏。

体腔内大量出血时，按出血部位分别称为胸腔积血、腹腔积血、肠管出血、心包积血。

（2）组织学形态　在组织中的血管外可见多少不等的红细胞。

2.大体标本观察

（1）心内膜出血　各种急性传染病及某些中毒性疾病时，常伴有心内膜出血，多为点状或条纹状出血，发生部位在乳头肌及腱索根部为常见。

标本为马的心脏，两侧心腔已于冠状沟两侧切开，由切口可清楚观察到左右心室内膜上都有黑红色条纹状或弥漫性的出血，以左心室内膜最为明显。部分腱索也可观察到出血。右心室出血较左心室轻微，主要见于右心室肺动脉瓣附近。少部分未见出血心内膜呈黄白色。

（2）肾出血　肾出血多见于传染病、中毒等因素所致的肾炎、肾瘀血等。红细胞可出现在间质、肾小球内、肾小管内，尿中也可见混有红细胞（血尿）。

标本为患热射病的牛肾脏，肾体积肿大，表面及切面均有大小不等的暗红色出血点或出血斑，经显微镜观察表明出血主要是在间质，肾小管内也见有红细胞。

（3）淋巴结出血　多见于各种致病因素所致的出血性淋巴结炎，出血可以是淋巴结本身毛细血管损伤，也可能是炎症时有器官组织出血，血液经淋巴进入淋巴结。

标本是败血型猪瘟肠系膜淋巴结。大块黄白色脂肪之间可见有几个扁圆形淋巴结，肿胀，色泽呈灰白暗红相间。切面见淋巴结周围是暗红色，此为出血，其间的灰白色是无出血的组织（图1-6）。

3.组织切片观察

（1）淋巴结出血　标本为牛的肺门淋巴结，该牛因饲料中毒死亡，肺脏由于瘀血水肿转变为纤维素性化脓性肺炎，因此其所属淋巴结也发生明显变化，所有小血管均显著扩张充血，淋巴滤泡不清楚，小梁疏松，所有淋巴窦扩张，多处淋巴窦内充满红细胞，部分小梁上散在有红细胞，这些红细胞没有规整的边缘和界限，为出血。此外，在淋巴结内有黑褐色炭粉沉着。相关主要病变参见图1-7。

（2）肾出血　标本为大体标本肾出血的切片。低倍镜观察可见肾小管上皮细胞崩解破碎，排列不整，呈絮状或网状。少数肾小管上皮细胞保持完整，但细胞体积增大，突入管腔。肾小球富核，球囊内有大量含蛋白较多的伊红淡染浆液。出血部见有大量红细胞，红细胞见于肾小管管腔内和间质。相关主要病变参见图1-8。

（3）心冠脂肪出血（图1-9）　标本除可见心冠脂肪细胞外，尚还可见心外膜和心肌纤维。首先低倍观察，在脂肪细胞之间及小叶结缔组织间有大量密集的红细胞（→），片状红染，此为出血。高倍观察，出血部边缘不整，红细胞散在血管之外，脂肪细胞被挤压变形，大小不等。此外，光镜下还可见到充血现象和心肌纤维颗粒变性。

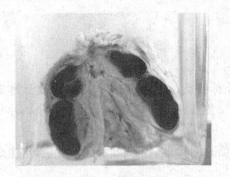

图1-6　淋巴结出血(大体标本)

图1-7　淋巴结出血(HE 10×)

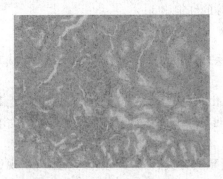

图1-8　肾出血(HE 10×)

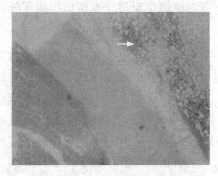

图1-9　心冠脂肪出血(HE 10×)

## (四)血栓(thrombus)

1.病变观察要点

(1)眼观形态　血栓常发生于心腔、心瓣膜或血管腔内。血栓外观颜色可为白色(白色血栓)、红白相间(混合血栓)或红色(红色血栓),呈圆柱形、球形或沙粒状团块。与心血管内膜紧密相连,不易剥离。

(2)组织学形态　白色血栓由颗粒状血小板及丝缕状纤维蛋白构成;混合血栓由珊瑚状血小板形成的小梁及小梁间纤维蛋白网、红细胞、白细胞构成,小梁周围有中性粒细胞附着;红色血栓与血凝块结构相似,需加以鉴别;透明血栓由纤维蛋白组成。

2.大体标本观察

(1)肺血管血栓　标本是患有大叶性肺炎的马的肺脏。肺脏切面可见到部分血管内有白色圆形无构造的凝结物,该凝结物一侧与血管壁紧密连接,此即白色血栓。一些血栓充满整个血管管腔,一些还有一定空隙,在空隙中有凝固的血液(死后凝血)。

(2)主动脉附壁性混合血栓　标本为猪心脏的一部分(左心)。首先观察在左房室瓣腱索部附着有白色无构造的凝结物,此即为混合血栓的头部,由房室向主动脉方向伸展,由心室壁的开口处可以看见表面呈黑红色并混有少许白色的血栓,其下面为与血栓头同样颜色及结构的血栓,此结构从已进入主动脉部分的血栓切面观察则更为明显。此血栓的形成可能是由于疣赘性心内膜炎而发生的。血栓头部属于白色血栓,中间为混合血栓,尾部为红色血栓(切掉后在标本上看不到）。

（3）肌间血管血栓形成及再疏通　标本为已煮熟的肌肉，在肌肉切面可见带有内容物稍凹陷的管腔，此为血管，血管壁可以清楚认出。管壁内的内容物原为无构造的血栓，血栓被机化后较坚实。观察被机化的血栓中有很小的不太清楚的小管腔，即为再生的小血管形成的管腔，被血栓堵塞的血管凭借新形成的小血管管腔可以部分地恢复血流，所以一般称之为血栓的再疏通。

3. 组织切片观察

（1）肺脏血管白色血栓（图 1-10，彩图 1-10）　在低倍镜下观察标本的全貌，可见到所有血管都扩张并充满血液（充血），一部分肺泡壁毛细血管也呈充血状态。大部分肺泡内充满渗出的浆液、渗出的细胞，甚至红细胞流出。支气管上皮细胞排列不整，有的已脱落到管腔内。管腔内还充满渗出液，这些变化是卡他性肺炎（后续炎症章内讲述）。然后注意观察较大的血管，可以找到数处血管内已形成血栓，其中靠切片一角在最大一个脉管内有血栓，其中心为粉红色带许多蓝点，并有透明感，周围为红蓝色交替的同心轮层结构，此即为白色血栓（→）。此外有的血栓呈红色，用高倍镜观察则多为红细胞，该血栓为红色血栓。

（2）肌外膜血管及血管内皮增生　首先用低倍镜找到肌外膜的血管，其中有一个管壁较厚的动脉管，管内为红色血栓。然后用高倍镜观察，红色血栓中除仅存部分红细胞外，都变成均质淡染的无构造内容物，其中有蓝染的呈丝条状者，为血管内皮增生。

（3）主动脉附壁性混合血栓　混合血栓由珊瑚状血小板形成的小梁及小梁间纤维蛋白、红细胞、白细胞构成，小梁周围有中性粒细胞附着。镜下呈白色与红色相间的结构。相关病变参见图 1-11，彩图 1-11。

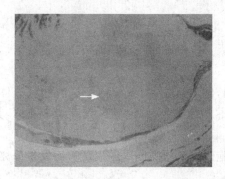

图 1-10　肺脏血管白色血栓（HE 10×）

图 1-11　主动脉附壁混合血栓（HE 10×）

# 第二节　组织液循环障碍——水肿

## 一、实验目的

认识并掌握发生水肿的器官组织的形态学变化特征，特别是在皮肤、肺脏、肝脏和肾脏发生水肿的特点及发生部位。

## 二、实验内容

大体标本:肺水肿(猪)、心包积液(鸡)。

组织切片:肝瘀血及水肿(马)、皮下炎性充血及水肿(羊)。

## 三、实验标本观察

### (一)病变观察要点

1. 眼观形态学

(1)体积增大　结构疏松组织体积增大、肿胀,而结构致密的组织肿胀不明显。

(2)紧张度改变　发生水肿的组织紧张度增加,但是弹性减小,指压留痕。

(3)颜色改变　发生水肿的组织多呈苍白色或淡灰色。

(4)切面改变　发生水肿的组织切面外翻,湿润,有透明感,自切口流出有多量无色透明液体,用手挤压可见流出的液体增多。有透明无色或淡黄色液体。组织疏松,间质增宽。

2. 组织学形态

(1)轻度水肿,实质细胞不呈现明显变化。

(2)长期水肿的组织,其实质细胞发生变性和渐进性坏死。

(3)水肿的组织间质(主要是结缔组织)增宽,结缔组织纤维呈解离状态。

(4)严重者发生纤维素样变性或坏死,表现为结缔组织纤维膨胀,原纤维解离,排列零乱,呈分散的纤维素状,甚至呈溶解状态。

### (二)几个常见器官、组织发生水肿的特点

(1)皮肤水肿　即浮肿。皮肤表面肿胀、颜色苍白、指压痕迹明显。切面流出白色浆液,有时皮下呈透明黄色胶冻样,高度湿润。

(2)肺水肿　肺脏体积增大,被膜紧张,颜色灰白,间质增宽,支气管内可见泡沫状液体。组织学表现为间质增宽、疏松,有淡染的水肿液浸润,淋巴管扩张,肺泡腔内充满淡染液体,其中混有少数脱落的肺泡上皮细胞。

(3)肝水肿　肿胀不明显。组织学观察可见肝细胞索与窦状隙因水肿液蓄积而发生分离,肝细胞受水肿液压迫发生萎缩。

(4)肾水肿　水肿液主要积聚于细尿管之间的间质内,导致间质增宽,可压迫细尿管和血管发生闭锁。

(5)浆膜腔积水　机体各浆膜腔水肿时,水肿液积聚于各浆膜腔内。

### (三)大体标本观察

(1)肺水肿　标本是猪的肺脏。肺脏表面颜色呈灰白,有透明感,尤其间质呈现有较宽的透明条纹致使间质特别明显,这些变化即为水肿。由于肺组织内有大量水分积聚并压迫血管,因此颜色变淡,而且呈透明状,以手触之或晃动有波动状(图1-12)。

(2)心包积液　标本是缺硒实验鸡的心脏。正常的心包内有少许淡黄色透明的心包液,

此标本由于缺硒发生全身性渗出性素质,心包液显著增加,充满心包腔。主动脉周围有暗红色的出血点和出血斑。

图1-12 肺水肿(大体标本)

### (四)组织切片观察

(1)肺瘀血及水肿 标本已于瘀血实验观察过,所有血管特别是肺泡壁毛细血管高度扩张充血,肺泡内充满淡粉红色均质液体,此液体是在高度瘀血的基础上大量透出的浆液成分即水肿液。相关主要病变参见图1-13。

(2)皮下炎性水肿与充血(图1-14) 标本是羊的耳壳。在低倍镜下,移动切片可在标本中间观察到一条透明的软骨(→)。软骨两侧组织,一侧较厚(耳壳外侧),较薄一侧为耳壳内侧。在低倍镜下观察耳壳外侧(厚的一侧),见有较多的血管。呈圆形、长圆形或条状,管腔内充满大量红细胞,呈小的红点,此即为充血。在镜下尚可见一些椭圆形小体。小体中心是浅白色,外围是均质红色,再外是蓝紫色细胞。这一结构是毛根,在有形成分的基底上是均质黄白色无结构的物质。这是因血管瘀血,血管壁通透性增强,使液体成分渗出引起水肿(☆)。全面观察后再用高倍镜观察,可见血管内充满大量红细胞,因多为微血管,血管壁仅见有一层内皮细胞。

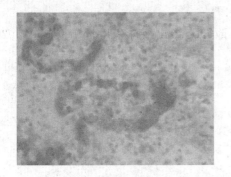

图1-13 肺瘀血及水肿(HE 10×)

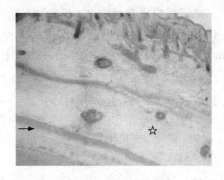

图1-14 皮下炎性水肿与充血(HE 20×)

## 附1 动脉性充血和静脉性充血的鉴别

(1)眼观变化

动脉性充血:体积稍增大,颜色鲜红色,体表温度增高,有搏动感,血流速度加快,机能状态亢进。

静脉性充血:体积明显增大,颜色暗红色或蓝紫色,体表温度降低,无搏动感,血流速度减慢,机能状态减退。

(2)镜下变化

动脉性充血:小动脉及毛细血管扩张,组织水肿轻微,实质细胞进行性变化。

静脉性充血:小静脉及毛细血管扩张,组织水肿显著,实质细胞退行性变化。

### 附2　血栓与死后凝血的鉴别

(1)与血管壁的关系　血栓与血管壁部分或全部紧密粘连,难剥离,强行剥离在附着部管壁上留有粗糙面。死后凝血块游离于血管内,易剥离,所在部分血管内皮光滑完整。

(2)表面情况　血栓表面粗糙不平,有规则的形成波纹,干燥,无光泽。死后凝血块表面平滑、湿润、有光泽。

(3)弹性与硬度　血栓缺乏弹性,捻转或曲折易碎,硬实。死后凝血块富弹性,柔软。

(4)颜色　血栓不均等,有白色部、红色部、红白混合部。死后凝血块均等,暗红色或黄白色鸡脂样。

(5)微细结构　血栓的血小板数量极度增加,排列成层(网状支架)。死后凝血块血小板数量不增加,散在。

### 附3　漏出液(水肿液)、渗出液(炎性水肿液)及血浆的鉴别

(1)透明度　漏出液透明,渗出液稍透明,血浆透明。

(2)凝固性　漏出液无凝固性,渗出液具半凝固性,血浆具凝固性。

(3)细胞成分含量　漏出液细胞成分少,渗出液细胞成分多,血浆无细胞成分。

(4)纤维素含量　漏出液含少量纤维素,渗出液含中等量纤维素,血浆含多量纤维素。

(5)蛋白质含量　漏出液蛋白质含量占 0.7%～3.0%,渗出液蛋白质含量占 4.0%～4.5%,血浆蛋白质含量占 3.0%～10%。

(6)体积质量　漏出液体积质量 1.006～1.014 g/cm³,渗出液体积质量 1.015～1.020 g/cm³,血浆体积质量在 1.012 g/cm³ 以上。

# 第二章 细胞和组织的损伤

## 第一节 萎　缩

### 一、实验目的

认识并熟练掌握组织细胞发生萎缩病理变化后的形态学特征。

### 二、实验内容

大体标本:萎缩肾(马)、动脉硬化性萎缩肾(马)、骨骼肌萎缩(马)、肾囊泡(猪)、脾萎缩(猪)、肝脏褐色萎缩(老龄马)、心脏褐色萎缩(老龄马)。

组织切片:动脉硬化性萎缩肾(马)、肝硬变(马)、肝脏褐色萎缩(老龄马)、心脏褐色萎缩(老龄马)。

### 三、实验标本观察

#### (一)病变观察要点

1.眼观形态

(1)体积大多均匀缩小,重量减轻。有时萎缩器官发生假性肥大,体积反而增大。

(2)颜色多数较正常加深。

(3)被膜呈皱纹状,表面血管可有不同程度弯曲。

(4)质地变硬、变韧。边缘变锐,切面实质变薄。

2.组织学形态

(1)实质细胞体积缩小和(或)数量减少,胞浆着色较深。

(2)间质纤维组织和(或)脂肪组织增生。

(3)实质细胞内可有色素沉着。

#### (二)标本观察

(1)萎缩肾　萎缩肾脏体积缩小,缩小程度则依病程长短而有区别,表面被膜剥离困难,表面见大致均等的红褐色或黄灰褐色小颗粒状,切面皮质部狭窄,结构不清,切面见有灰黄色条纹,皮质与髓质界限不清。肾脏的硬度增加,重量减轻。

观察的标本为马的肾脏,体积显著缩小,已剥去包膜的肾表面呈均匀的微小颗粒状。切面结构不清,皮髓质境界不明显(图 2-1)。

（2）动脉硬化性萎缩肾　动脉硬化性萎缩肾多见于马。其发生是由于小动脉，特别是小叶间动脉和弓状动脉硬化而导致管腔变狭窄，致使该动脉灌注区域的肾脏组织因为血液供给不足甚至断绝而营养不足，进而发生萎缩，肾表面可见灰白色凹陷，纵横不等沟状。

图 2-1　肾脏萎缩（大体标本）

观察标本为马的动脉硬化性萎缩肾，体积稍显缩小，表面有多数沟状凹陷。切面皮质部变狭窄，见灰白色致密条纹。

（3）骨骼肌萎缩　骨骼肌萎缩时的肌纤维变细变窄，甚至消失。肌纤维间结缔组织和（或）脂肪组织增生，呈现代偿性肥大。

标本为马背部骨骼肌，由于长期受压，营养不良而发生肌肉组织萎缩，结缔组织增生，标本的颜色比正常骨骼肌颜色淡，硬度增加，由于骨骼肌萎缩，肌间结缔组织或脂肪组织高度增生，因此标本上可见到间质呈现明显的白色网格，个别区域几乎完全是白色结缔组织。

（4）肾囊泡　标本为猪的肾脏，肾门附近有一个鸽卵大的囊泡，稍隆起于肾脏表面，其中充满透明液体，其形成是由于肾脏排尿受阻，局部潴留并逐渐增多，进而形成较大囊泡，囊泡逐渐增大压迫周围肾组织，引起压迫性萎缩。

（5）脾萎缩　标本为猪的脾脏，萎缩脾脏，体积缩小，边缘变锐，被膜灰褐色，并见皱褶，质地硬实。切开见被膜增厚，切面凹陷，呈黄红色，小梁数量增多并呈灰白色条纹状，切面上可见暗红色斑点（出血）。

（6）肝脏褐色萎缩　标本为老龄动物肝脏，眼观肝脏体积缩小明显，黄褐色或黑褐色。被膜增厚，见皱褶，质地较正常肝脏硬实。

（7）心脏褐色萎缩　标本为老龄动物心脏，眼观体积较正常缩小，表面冠状动脉血管弯曲，切面心室肌肉颜色呈褐色。

### （三）组织切片观察

（1）动脉硬化性萎缩肾　动脉硬化性萎缩肾的组织学变化与肾脏贫血性梗死的结构变化相似，即均形成结缔组织瘢痕。动脉硬化性萎缩肾的肾脏实质萎缩，间质结缔组织增生，导致肾小管及肾小球萎缩甚至消失，增生的结缔组织胶原化，形成均质的玻璃样物质。萎缩部细尿管数量减少，管腔狭窄。肾小球体积缩小，肾小球囊与细尿管周围结缔组织增生。动脉硬化性萎缩肾的细尿管上皮细胞一般见不到贫血性梗死时所表现的凝固性坏死变化。

标本为马的动脉硬化性萎缩肾（图 2-2）。低倍镜观察可见组织伊红着染的程度深浅不一，伊红淡染部肾小管及肾小球体积缩小，相互间的间隙增大，间隙中结缔组织增生。伊红深染部则实质与间质成分的比例接近正常。上述伊红淡染部即是小动脉硬化而引起的萎缩部分。高倍镜观察可见萎缩部细尿管管腔空虚，上皮细胞胞浆显著减少，细胞轮廓不清晰，仅见胞核位于管腔基底部（→），肾小球血管网空虚，含极少量的红细胞。萎缩部小动脉管壁显著增厚，结构不清楚。

（2）肝硬变（图 2-3）　标本取自传染性贫血病死马。低倍镜观察可见所有肝小叶都不完整，肝细胞索排列不整，零碎，距离增大，肝小叶之间及小叶内均见有核浓染的细胞浸润集团，以及增生的结缔组织(→)，标本的一端有一个较大的圆形病灶，外周围以结缔组织，此即寄生虫结节。高倍镜观察可见凡是靠近结缔组织增生及细胞浸润明显部的肝细胞，其细胞体积缩小(与肝小叶中心部的肝细胞比较)，大部分的胞核模糊或消失。在增生的结缔组织内可见到残留零散的肝细胞，这些肝细胞萎缩和坏死变化较明显。许多肝细胞内有茶褐色色素(胆色素)沉着。增生的结缔组织细胞呈梭形，有些已成熟为纤维性结缔组织，核消失。萎缩较轻的肝细胞排列疏松，窦状隙扩张充血，肝细胞内见微细颗粒，有些细胞内出现圆形的小空泡(脂肪滴)。

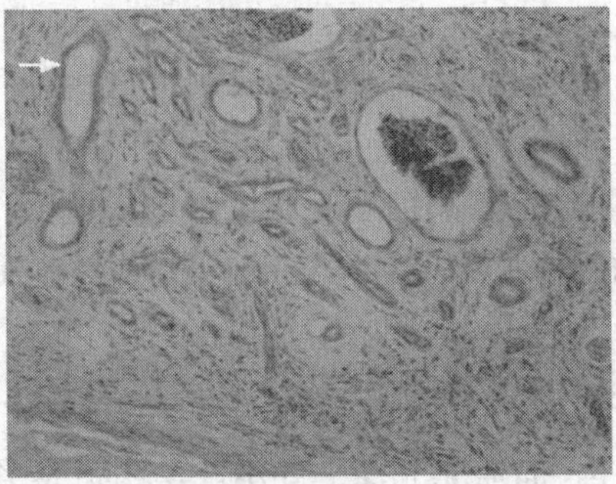

**图 2-2　动脉硬化性萎缩肾(HE 20×)**

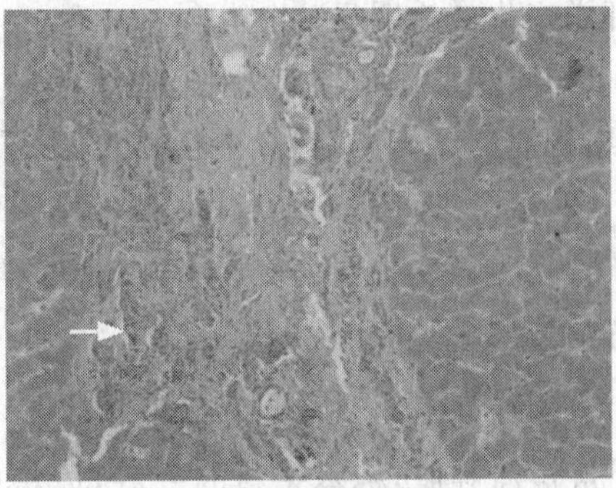

**图 2-3　肝硬变(HE 20×)**

(3)肝脏褐色萎缩　镜下可见肝细胞体积不同程度缩小。肝细胞胞浆内有大小不等的黄褐色脂褐素颗粒沉着。萎缩肝细胞的细胞核形状和大小不一，汇管区因肝小叶缩小而相对增宽。

(4)心脏褐色萎缩　镜下见萎缩部位心肌纤维变细，心肌纤维的横纹及心肌纤维内肌原纤维仍可观察到。心肌细胞核两端的胞浆内可观察到茶褐色胆色素颗粒。

## 第二节　变　　性

### 一、实验目的

1. 熟练掌握组织细胞发生颗粒变性、水泡变性、脂肪变性、透明变性、黏液变性、淀粉样变的病理形态学特征。

2. 熟练掌握病理组织学变化表现相似的病变(水泡变性和脂肪变性)的鉴别方法。

3. 了解颗粒变性、透明变性、黏液变性、脂肪变性的组织化学检查方法。

### 二、实验内容

大体标本：肝混浊肿胀(猪)、羊痘(山羊)、鸡痘白喉、心肌胼胝(马)、卡他性胃炎(猪)、槟榔肝(马)、脂肪肝(猪)、肾脂肪变性(犬)、乳房结核(山羊)、心肌脂肪变性(猪)。

组织切片：肾细尿管上皮细胞颗粒变性(猪)、心肌纤维颗粒变性(猪)、羊痘(山羊)、肝细胞水泡变性(猪)、心肌肨胀(马)、肾小球玻璃样变(猪)、卡他性肠炎(猪)、卡他性增生性肠炎(猪)、肝脂肪变性(马)、肾脂肪变性(犬)、肝寄生虫结节(马)、肌胃坏死。

## 三、实验标本观察

### (一)颗粒变性(granular degeneration)或混浊肿胀(cloody swelling)

1.病变观察要点

颗粒变性主要发生在实质器官的实质细胞内,以肝脏、肾脏、心脏和骨骼肌等实质器官的病理学变化最为明显。

(1)眼观形态  器官肿胀,边缘钝圆,被膜紧张。颜色变淡,呈淡灰色或灰黄色。切面外翻,结构混浊无光泽,似煮肉状外观,脆弱易碎。

(2)组织学形态  细胞体积肿大。细胞浆内可见粉红色着染的颗粒状或团块状物质。细胞核常无明显变化。病变严重时,胞核可表现为核染色质肿大和溶解,核膜破裂,或整个胞核崩解消失。

2.大体标本观察

肝混浊肿胀:标本是猪的肝脏,体积肿大,呈灰褐色,混浊无光泽。肝小叶结构清楚并增大,稍凸起于表面,小叶间隔清晰。切面见肝小叶也增大,界限清楚,中央静脉不易认出。质地脆弱易碎。

3.组织切片观察

(1)肾小管上皮细胞颗粒变性(图2-4)  标本为猪的肾脏。低倍镜下可见肾小管管腔内缘不整齐,呈锯齿状,着色较淡,管腔狭窄甚至闭塞,上皮细胞伊红着色较深,肾小管外围界限清楚,肾小管间的小血管扩张充血。高倍镜观察肾小管上皮细胞完整部分,上皮细胞体积显著增大,并大多向管腔内侧膨出(→),各细胞间的境界多不清楚,上皮细胞原生质呈微细点状或絮状,有些细胞核不清或消失(有的被遮盖,有的溶解),此外,有些肾小管上皮细胞已不完整,内缘呈絮块状脱落,核着色淡或消失,是向坏死过渡的表现。

 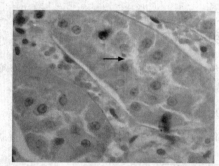

A.HE 10×          B.HE 40×

图2-4  肾小管上皮细胞颗粒变性

(2)心肌纤维颗粒变性  标本为猪的心脏。心肌纤维肿胀变粗,横纹消失,肌原纤维不清楚,肌原纤维之间出现微细的蛋白颗粒,切片的颜色较正常,但着色很不均匀(图 2-5)。

## (二)水泡变性(vacuolar degeneration)

1.病变观察要点

(1)眼观形态　主要发生于皮肤及黏膜的被覆上皮,严重时形成眼观可见的水疱。发生在实质器官时,一般不引起器官外形改变,严重时呈现近似水肿的表现,或出现水疱。

图 2-5　心肌纤维颗粒变性(HE 10×)

(2)组织学形态　细胞体积肿大。细胞浆内可见大小不等的空泡,呈蜂窝状。小水泡相互融合成大水泡,甚至整个细胞为水泡所充盈。胞核悬浮于中央或被挤压到一侧,此时胞浆空白,外形如气球状。严重时,细胞核内也可见较大空泡。

2.大体标本观察

(1)羊痘　水泡变性多见于皮肤和黏膜的被覆上皮。例如痘疹、口蹄疫和猪传染性水疱病等所见的皮肤和黏膜上的疱疹,即由上皮细胞水泡变性发展而成。

标本为羊尾。尾根部腹面见有十多个呈半球状凸起于皮肤表面的痘疹,为羊痘丘疹期变化,质地较为硬实,大小不等,大小为粟粒大、高粱米粒到黄豆粒大不等,有的顶端扁平,进一步发展即表现为细胞水泡变性甚至溶解,最后可形成肉眼可见水疱或脓疱。

(2)鸡痘白喉　标本为鸡头。在右侧上下眼睑、鸡冠、喙角和左上眼睑,有多个大小为粟粒大、高粱米粒大到黄豆粒大痘疹,呈半球状隆起,顶端不平,已坏死结痂的痘疹色泽为黑褐色而且粗糙。白喉型痘疹多表现为口腔内的舌、喉头等部黏膜先发生局灶性浮膜性炎,之后逐渐扩展相互融合成为弥漫性固膜性炎,黏膜上附着有白中带黄坏死痂块和絮状物。黏膜结构完全破坏。

3.组织切片观察

(1)羊痘(图 2-6)　标本为羊痘丘疹部的切片,低倍镜下可先观察到表皮的各层结构,之后由切片的一端开始,沿表皮向另一端移动,可见标本的中央部表皮显著增厚,细胞色淡,该部皮下组织与其两端比较,细胞数量增多(细胞浸润)。高倍镜观察可见,中央部的表皮细胞,在靠近柱状细胞层可见有多数大小不等的空泡,此空泡即是发生水泡变性的棘细胞,其胞浆溶解,细胞内积聚浆液样液体,因此呈现水泡状。细胞核浮游于其中。水泡变性部细胞之间境界不清,细胞核大多数呈卵圆形或锯齿状,有些细胞核被压挤向细胞的边缘呈月牙状(→),有的核崩解为碎块。

(2)肝细胞水泡变性　标本为猪肝水性营养不良的切片,镜下见肝细胞着色变淡,体积肿大,胞浆中有多少不一的小空泡。有的胞浆内空泡少而大,轮廓清晰;有的胞浆内空泡多而细小,使胞浆呈现网格状或泡沫状。个别细胞胞浆内空泡融合变成大空泡,将胞核压向一侧,极度肿大的细胞变得如气球(气球样变)。在细胞核内也可见小水泡或其融合后的大水泡。核染色质溶解消失,核仁悬于空泡间。

水泡变性与脂肪变性显微镜下结构相似且常合并发生,因此应注意与镜下脂肪变性相区别。脂肪变性时镜下所见空泡的内外比较干净,且细胞核一般不出现明显空泡。水泡变性时胞浆内空泡稍显浑浊,为半透明状,且胞核可出现空泡。相关主要病变参见图 2-7。

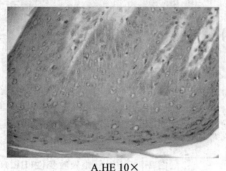

A.HE 10×　　　　　　　　　B.HE 100×

图 2-6　羊痘

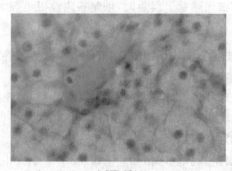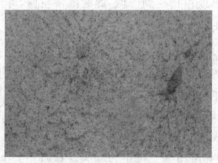

A.HE 10×　　　　　　　　　B.HE 40×

图 2-7　肝细胞水泡变性

## (三)透明变性(hyaline degeneration)

### 1.病变观察要点

(1)眼观形态　透明变性的组织呈灰白色、质地均匀且硬实、半透明。

(2)组织学形态　透明变性细胞或组织显微镜下呈现伊红淡染或深染的均质无结构物质,似毛玻璃,半透明。

### 2.大体标本观察

(1)心肌胼胝(图 2-8)　标本为马心脏左右心室间隔的一部分,两侧均为心内膜,在心肌的断面有形状不规整的白色透明病灶一个(→),此病灶的形成是由于致病因素导致心肌发生坏死,之后坏死灶被肉芽组织机化,结缔组织成熟后形成瘢痕(胼胝),结缔组织性瘢痕进一步可发生玻璃样变。

(2)乳房结核　标本是羊乳房的一部分,发生了弥漫性乳房增生性结核,由于结核病灶

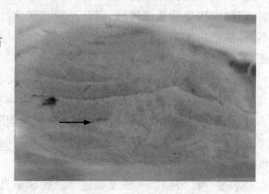

图 2-8　心肌胼胝(大体标本)

周围肉芽组织(特异性及非特异性的)增生及胶原化,导致形成无结构玻璃状物质。在乳房的切面上有大小不等的近似圆形病灶,病灶呈灰白色干酪样(干酪样坏死)。病灶周围被环状、网状,均质且有白色透明光泽的物质所围绕,这些物质即为结缔组织机化后形成的玻璃样变(透明变性)。

3.组织切片观察

(1)心肌肥胀(图 2-9,彩图 2-9)　标本为大体标本心肌肥胀的组织切片,观察时低倍浏览,可见到心肌纤维间有一部分伊红淡染的透明区,在透明区中散在有个别肌纤维。高倍镜观察,该部呈现均质无结构状态,其间散在有极细的蓝染细胞核,为心肌发生坏死之后,在坏死组织周围的结缔组织细胞增殖和新毛细血管增生(肉芽组织),并逐渐取代坏死部(机化)。增殖的结缔组织成熟之后又发生玻璃样变,所以观察时呈均质状(☆)。

(2)心肌肥胀(图 2-10)　标本与上述为同一组织切片,该标本采用的染色方法为万吉逊氏胶原纤维染色,上述标本为苏木素伊红染色。该染色方法可将透明变性部染成红色(☆),心肌纤维染成黄色(→),核为暗褐色。

图 2-9　心肌肥胀(HE 40×)

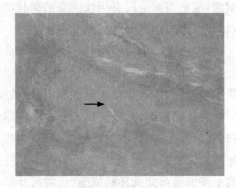

图 2-10　心肌肥胀(万吉逊氏胶原纤维染色 5×)

(3)肾小球玻璃样变　标本为猪肾小球性肾炎的继发性变化。低倍镜下观察,见有多数肾小球体积显著增大,呈现均质无结构状物质,充满肾小球囊,可见到残存的细胞核。有极少数的肾小球仍保留原有结构,但体积缩小,并在肾小球囊腔内有渗出物(蛋白、脱落上皮及红细胞),有些肾小球尚有部分未被均质化的血管。上述呈现均质无结构的肾小球发生了玻璃样变。切片中除肾小球的变化外,肾小管结构多不规整,上皮细胞混浊肿胀至坏死溶解,脱落。肾小管内见红细胞(出血),或有伊红深染均质状物(蛋白尿)。

### (四)黏液变性(mucoid degeneration)

1.病变观察要点

(1)眼观形态　发生黏液变性的组织中可见有灰白色或灰黄色的黏稠状或丝缕样、半透明的半液体状物质。

(2)组织学形态

①黏膜上皮的杯状细胞显著增多。黏膜上皮细胞内蓄积大量黏液,细胞形状由圆柱状变成杯状,胞核和胞浆被挤向细胞的基底部,黏液物质中散在大量的变性或坏死脱落上皮细胞以

及破碎的细胞核碎屑。

②结缔组织(包括软骨和骨组织)发生黏液变性时,结缔组织纤维溶解消失,变成一种均质化的黏液物质。

2. 大体标本观察

卡他性胃炎:上皮细胞黏液变性多伴发于炎症,并以卡他性炎的形式表现出来,标本为猪的卡他性胃炎。胃黏膜表面轻度潮红肿胀,结构模糊,黏膜上附有多量半流动状、乳白色半透明的黏液,黏液数量显著增多,此为黏膜上皮细胞中杯状细胞数量增加,分泌出显著多于正常量的黏液,黏膜表面附着的黏液易被水冲洗掉,标本保存较久后部分黏液已脱落。

3. 组织切片观察

(1)卡他性肠炎　标本为猪的十二指肠切片,肠绒毛顶端组织零碎,绒毛的黏膜固有层可见圆形细胞浸润,黏膜上皮见十二指肠上皮细胞为单层柱状上皮细胞间散在有杯状细胞,正常情况下间隔数个柱状上皮细胞见一个杯状细胞,此标本的肠绒毛上皮细胞几乎已完全变成杯状细胞,绒毛与绒毛间有伊红淡染的絮状物,为由杯状细胞排出或杯状细胞破碎后释放出的黏液,杯状细胞内也充满黏液。

(2)卡他性增生性肠炎(黏液染色)　此标本为牛假性结核的空肠采用黏液染色法制成的切片,细胞核染成蓝色,细胞浆染成粉红色,黏液染成红色。低倍镜观察肠黏膜,可见黏膜表面附有很多红色絮状物(黏液)。肠黏膜上皮细胞多呈泡状,内部充满上述红色黏液。高倍镜观察上皮细胞可见几乎所有的上皮细胞都变成杯状细胞(正常时杯状细胞与杯状细胞之间至少应间隔 2～3 个柱状上皮细胞),杯状细胞内多含染成红色的黏液。参见图 2-11。

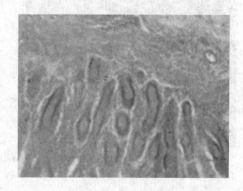

**图 2-11　卡他性增生性肠炎(黏液染色 20×)**

## (五)脂肪变性(fatty degeneration)

1. 病变观察要点

(1)眼观形态

①脂肪变性的器官体积可不同程度地增大。

②被膜紧张,边缘钝圆,质地较软。

③表面、切面均为淡黄色,病变严重时切面有油腻感。

(2)组织学形态

①脂肪变性的细胞体积可不同程度地增大。

②胞浆内有大小不等的圆形或近圆形空泡,严重者空泡将细胞核挤至细胞膜下。

(3)肝脏脂肪变性因其发生部位不同,可表现为 3 种形式

①肝小叶中心脂肪变性　病变主要发生在肝小叶中央部位,即中央静脉周围。

②肝小叶周边脂肪变性　病变主要发生在肝小叶外周,小叶周边呈黄色。

③肝小叶弥漫性脂肪变性　整个肝小叶均发生脂肪变性,甚至整个肝脏呈土黄色。

2.大体标本观察

(1)槟榔肝　槟榔肝也称肉豆蔻肝,特点是肝小叶中央静脉周围及其附近的毛细血管瘀血扩张,肝小叶周边肝细胞脂肪变性。槟榔肝时的肝小叶结构特别明显,因为此时肝小叶中心部呈暗红色,周边为黄色。

标本为马的肝脏,体积略增大,边缘稍显钝圆,切面因中央静脉及肝小叶中央部血管扩张瘀血,呈暗红色点状或条状(点状者为小叶横断面,条状者为纵断面),散布于黄褐色的具油脂光泽的质地上(黄褐色有脂肪光泽为脂肪变性的肝实质),这种脂肪变性在眼观上酷似中药槟榔或肉豆蔻的断面花纹,所以称为槟榔肝或肉豆蔻肝。参见图1-3。

(2)脂肪肝　标本为猪的肝脏,肝体积显著肿大,表面及切面呈弥漫黄色,认不出肝小叶的轮廓(正常时猪肝脏的小叶轮廓比其他动物明显),切面除较大的血管可认出外,均为均质黄色,并有油脂样光泽。硬度大而脆弱。

脂肪变性肝脏切成厚约1 cm薄片之后进行苏丹Ⅲ染色,呈现黄红色(图2-12,彩图2-12)。

(3)肾脏脂肪变性　肾脏脂肪变性主要发生在肾小管上皮细胞内。脂肪为微细中性脂肪滴,因此在肾脏皮质部可见弥漫性灰白或灰黄色斑点。

标本为犬的肾脏,眼观体积肿大,表面光滑,呈灰白或灰黄色,并有点状或条纹状暗红色瘀血,切面皮质与髓质部境界特别明显。髓质部呈灰红或紫红色,而皮质部呈灰白或灰黄色,其间散在有小红点(肾小球)。皮质部的变化即为脂肪变性,为了证明皮质部的脂肪变性,此标本皮质用苏丹Ⅲ浸染,结果可见被苏丹Ⅲ染成红色的脂肪,呈点状,切面皮质部普遍红染,而髓质部不着色,表明为脂肪变性。

(4)心肌脂肪变性　标本为猪的心脏,发生脂肪变性时,心肌呈灰黄色,混浊、松软脆弱。心肌脂肪变性多发生在心室心内膜尤其是乳头肌处,可见有灰黄色的条纹或斑纹,与正常心肌的红褐色相间,形如虎皮斑纹,故称为"虎斑心"。

(5)肾脏淀粉样变　是指组织内有淀粉样物质沉着,常发生于体内存在慢性抗原性刺激和异常的浆细胞增多症时。淀粉样物质是一种糖蛋白,它沉着于小血管基底膜下,网状纤维之间或浸润于细胞之间。标本为病犬肾脏,肾脏体积增大,颜色变黄,表面光滑,被膜易剥离,质地脆,眼观不易认出淀粉样变的特点。

3.组织切片观察

(1)肝脏脂肪变性(图2-13)　标本是马的肝切片,肝小叶多为纵切,因此中央静脉呈长条状。中央静脉附近的肝细胞内有较大的空泡,核被压挤向细胞的边缘,有些核已经消失。小叶周边肝细胞发生颗粒变性乃至坏死,胞浆呈颗粒状或絮状。核变淡或消失,在窦状隙内有少数红细胞。在标本中所见到的空泡(→)即为肝细胞胞浆发生脂肪变性,其脂肪成分在制片过程中被脂溶剂溶出遗留下空泡,此标本属于肝小叶中心性脂肪变性。

(2)肝脂肪变性　此标本与上述标本采自同一病例的肝材料,冰冻切片后采用苏丹Ⅲ染色。切片中脂肪染成红黄色,借以证实肝细胞的脂肪变性(图2-14,彩图2-14)。

(3)肾脂肪变性　标本为犬肾脂肪变性切片。冰冻切片进行苏丹Ⅲ染色,肾小管上皮细胞中有被苏丹Ⅲ染成红黄色的颗粒,表明细胞发生了脂肪变性(图2-15)。

图 2-12　脂肪肝(大体标本苏丹Ⅲ染色)

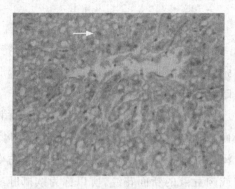

图 2-13　肝脏脂肪变性(HE 20×)

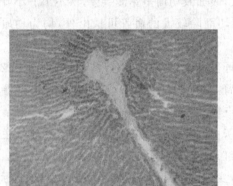

图 2-14　肝脏脂肪变性(苏丹Ⅲ染色 10×)

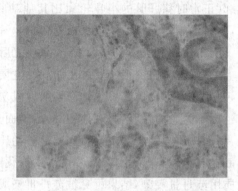

图 2-15　肾脏脂肪变性(苏丹Ⅲ染色 20×)

## (六)淀粉样变(amyloidosis)

1.病变观察要点

(1)眼观形态

①淀粉样变器官明显肿大,色泽发灰。

②质地脆弱易碎。

(2)组织学形态

①淀粉样物质为均质物结构伊红淡染。

②淀粉样物质多呈小块或层状。

③淀粉样物质周围组织受压迫可发生萎缩。

2.大体标本观察

(1)肾脏淀粉样变　标本为病犬肾脏,眼观可见肾脏体积增大,颜色变黄,被膜易剥离。眼观不易分辨出淀粉样变的病理学变化。

(2)脾脏淀粉样变　标本为病犬脾脏,脾脏体积较正常增大,质地稍硬实,切面干燥。切面见不规则白色病灶区域。

(3)肝脏淀粉样变　标本为病死犬肝脏,见肝脏肿大,颜色灰黄,切面结构模糊并可见黑红色出血斑点,质地脆弱易碎。

3.组织切片观察

(1)肾脏淀粉样变(图 2-16,彩图 2-16)　标本为病死犬肾脏,低倍镜下见肾小球结构模糊不清,完全被伊红淡染的均质嗜酸性物质取代(→)。肾小管内也可见伊红淡染物质。高倍镜下,在肾小球嗜酸性物质间可见浆细胞。

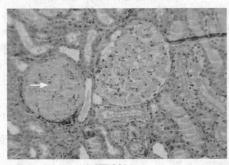

A.HE 20×　　　　　　　　　　　B.HE 40×

图 2-16　肾脏淀粉样变

(2)脾脏淀粉样变(图 2-17)　低倍镜下可见脾脏淋巴滤泡周边较大的伊红淡染团块状物质(→)。淋巴滤泡体积缩小。

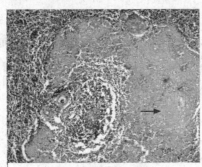
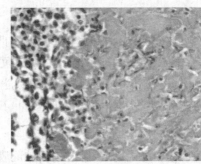

A.HE 10×　　　　　　　　　　　B.HE 40×

图 2-17　脾脏淀粉样变

(3)肝脏淀粉样变(图 2-18)　低倍镜下可见在肝细胞索和窦状隙之间(网状纤维)出现伊红淡染形状不规则块状物质(→)。肝细胞呈现变性和坏死变化,体积不同程度缩小。

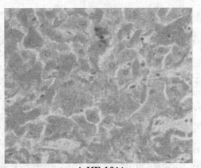
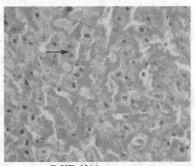

A.HE 10×　　　　　　　　　　　B.HE 40×

图 2-18　肝脏淀粉样变

# 第三节　病理性物质沉着

## 一、实验目的

1.认识并掌握组织细胞发生钙盐沉着及结石形成的形态特征。

2.了解钙盐沉着的组织化学检查方法。

## 二、实验内容

大体标本:肺结核(牛)、肾结石或尿石、胆(结)石(牛黄)、大肠结石(马)、瘤胃结石(羊)。

组织切片:肝脏寄生虫结节(钙化)(马)、肌胃坏死及钙盐沉着(雏鸭)、肾脏草酸盐沉积(犬)。

## 三、实验标本观察

### (一)病理性钙化(pathologic calcification)

#### 1.病变观察要点

(1)在不含固体钙盐的组织,如营养不良组织、坏死组织及病理产物内(结核和鼻疽的坏死灶、梗死灶、血栓、组织内死亡的寄生虫等)可发生钙化。

(2)钙盐沉积经 HE 染色后,光镜下为深蓝色的钙盐颗粒或团块。

(3)钙盐沉积量多时,眼观钙化组织呈石灰样。

#### 2.大体标本观察

肺结核:标本为牛肺脏,肺脏表面肺胸膜增厚,粗糙(结核性胸膜炎)。肺脏切面有多数大小不等的圆形、均质无结构、干燥、干酪状病灶(干酪性坏死或干酪化),个别病灶内因内容物排出而遗留下空洞,干酪化病灶中可见呈灰白色粗糙的石灰样部分,此为在干酪性坏死的基础上发生的钙化。

#### 3.组织切片观察

(1)肝寄生虫结节(钙化)(图 2-19,图 8-3)　眼观可见切片上有数个圆形结节(寄生虫结节),低倍镜观察,在结节中有伊红淡染的马圆线虫虫体痕迹,虫体周围伊红浓染,并有许多坏死肝组织,坏死组织周围呈蓝紫色、颗粒状无规律分布(→)。此为沉着钙盐,钙化部再外层是由结缔组织形成的包囊,包囊之外是肝脏组织。整个肝脏组织变化明显,所有血管(包括中央静脉、小叶间动脉和小叶间静脉)比正常粗,并充满血液。肝脏汇管区也比正

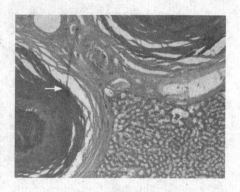

**图 2-19　肝寄生虫结节(钙化)(HE 20×)**

常宽,是由于肝瘀血和结缔组织增生引起的一系列变化。高倍镜观察钙沉着部,见钙盐呈无构造不定形的蓝色絮状或团块,越接近包囊边缘部着色越浓。这说明钙是由边缘向中心沉着。

(2)肌胃坏死及钙盐沉着　标本是患白肌病的雏鸭肌胃(砂囊)。低倍镜下见到组织结构不清楚,肌层着色深浅不一,为肌纤维变性至坏死的不同表现,在淡染部见多处无结构的絮状蓝染病灶,是在坏死的基础上形成的钙盐沉着。

(3)肾脏草酸盐沉积(图 2-20,彩图 2-20)　标本为厌食,少尿,呕吐病犬肾脏组织切片,显微镜下可见肾小管内淡绿色菱形晶体阻塞管腔(↗),晶体物质或单个存在或成簇存在。残存的肾小管上皮细胞变得扁平。个别肾小管上皮细胞脱落与结晶物混杂在一起。

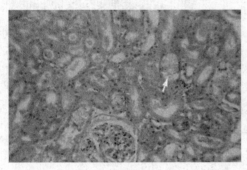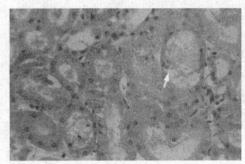

A.HE 20×　　　　　　　　　　　　　　　B.HE 20×

图 2-20　肾脏草酸盐沉积

## (二)结石形成(form of calculus)

1.病变观察要点

(1)见于腔性器官或排泄管、分泌管内。

(2)腔性器官的腔道和排泄管的管壁发炎,其中存在的脱落细胞、黏液、渗出物以及细菌团块、死亡寄生虫虫体及虫卵等病理产物构成基核,溶解在腔道内容物中的盐类逐渐沉着在基核外形成结石,其断面呈现同心轮层的分层结构。

(3)由于某些盐类溶解性发生障碍,盐类过多地分泌到分泌物中,使分泌物的盐类浓度增高,分泌物再逐渐浓缩而形成的结石,其断面呈放射状结构。

(4)也常见到分层结构兼有放射状结构的结石。

2.大体标本观察

(1)肾(结)石或尿石　于尿路形成的结石,又依其部位有肾石、膀胱石、尿道石等名称。肾石多形成于肾盂,其次为肾盏,肾石的形状往往为肾盂或肾盏的形状。形成肾石时多引起肾水肿,并压迫肾实质而发生萎缩。标本为猪的肾脏,在肾切面的肾盂内有一黄豆大的灰白结石,特别坚硬,与石相似。

(2)胆(结)石(牛黄)　胆石是胆囊或胆管内生成的。标本均由牛胆管中取得。一个标本由牛胆管内取得,为黑褐色不定形、坚硬的小块。另一结石标本由牛胆管及胆囊内取出,呈红褐色乃至绿褐色,此胆结石体积较前者大,但不如前者硬,是正在形成过程中的胆结石。

(3)肠结石 肠结石易发生于马的大肠,结石由豌豆粒大至排球大小。此结石标本系马的大肠结石,直径约为 8 cm,结石呈现不规整的圆形,结石的表面光滑,质地硬实且较重,结石的主要成分为磷酸镁、碳酸镁、碳酸钙、磷酸钙等无机盐类以及未消化的植物纤维。肠结石的断面多呈同心轮层状,在结石的中心有时可看到小石块、钉子、瓦片等沉积的核(图 2-21)。图 2-22 为羊的瘤胃结石。

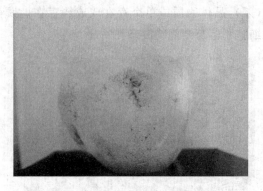
图 2-21  马大肠结石(大体标本)

图 2-22  羊瘤胃结石(大体标本)

# 第四节  坏  死

## 一、实验目的

1.熟练掌握坏死的基本病理学变化、类型及各类型的形态特征。

2.掌握坏死的结局及其病理学变化。

## 二、实验内容

大体标本:猪副伤寒肝坏死灶、深部刺创(骨骼肌坏死)(马)、皮肤褥疮(马)、骨骼肌坏死(鸭)、肺坏疽(马)、硒和维生素 E 缺乏雏鸡小脑液化性坏死。

组织切片:肝细胞坏死(马)、骨骼肌蜡样坏死(鸭)、硒和维生素 E 缺乏雏鸡小脑液化性坏死。

## 三、实验标本观察

### (一)病变观察要点

1.眼观形态

(1)坏死类型不同,形态各异

①凝固性坏死 坏死组织发生凝固,早期肿胀,稍凸起于器官表面,质地干燥坚实,切面坏

死组织界限清楚,呈灰白色或黄白色,无光泽,坏死区周围有暗红色的充血和出血坏死区。干酪样坏死时坏死组织呈灰白色或灰黄色,质地松软致密,外观上很像干酪。

②液化性坏死　坏死区组织液化,变成乳糜状物质,坏死物质被吞噬吸收之后留下规则囊腔。雏鸡的维生素 E 和硒缺乏症引起的脑软化为液化性坏死。

③坏疽　常发生于易受腐败菌感染的部位,如四肢、耳壳、尾根以及与外界相通的内脏器官(肺、肠、子宫等)。坏疽可分为 3 种类型,即干性坏疽、湿性坏疽、气性坏疽。

(2)组织学形态

①坏死区细胞核固缩、碎裂、溶解(图 2-23)。

②坏死区细胞胞浆红染,胞膜破裂,结构消失。

③坏死灶周围常有血管扩张充血和炎性细胞浸润。

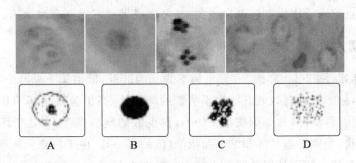

**图 2-23　细胞坏死特征性变**
A. 正常肝细胞胞核　B. 核浓缩　C. 核碎裂　D. 核溶解

### (二)大体标本观察

(1)猪副伤寒肝坏死灶　标本为猪的肝脏,在肝脏切面上见有许多灰白色干燥的小点状坏死灶。坏死灶都发生在肝小叶内,为肝实质的凝固性坏死。

(2)深部刺创(骨骼肌坏死)　标本取自马术队的马,大腿内侧误被木棒刺入,引起蜂窝织炎。在标本的一端骨骼肌呈解离状,空隙处含有已固定凝结的脓汁和坏死组织,其周围骨骼肌呈黄白色,肌束不清,呈均质状且有光泽感,为凝固性坏死(蜡样坏死)。

(3)肺结核病灶的干酪样坏死　标本为牛肺脏,肺脏表面见有许多隆起,不平坦,质地较硬。在切面则可看到许多黄白色均质无构造的干酪样凝结物,在各凝结物的周围围以白色结缔组织,这些凝结物即为肺组织的干酪样坏死。干酪样坏死为凝固性坏死的一种特殊表现形式。

(4)皮肤褥疮　此标本为马的一块皮肤,皮肤褥疮可发生湿性坏疽,其发生机制是由于动物长期一侧卧,卧侧皮肤由于持续性受到压迫,血行障碍与感染腐败菌而发生。首先皮肤脱毛,发生水肿以后变成污秽的灰黑色、湿润、排有恶臭的渗出物。有时皮肤可形成大溃疡,更进一步则发生脓肿与腐败。

此标本可看到被毛和皮肤脱落,疮面有黄白色、红褐色和黑褐色混杂存在的凝结物,表面并有龟裂的裂缝和即将脱落的凝结物和碎裂物,这些凝结物即为溃疡坏死的组织和渗出物凝结而成。

（5）骨骼肌坏死　标本是缺硒实验鸭的大腿,大腿前侧有出血,内侧也有出血,呈斑块状和片状、条纹状。在出血之间和其周围有灰白稍带黄色的条状或斑块状骨骼肌坏死,大腿前部尤为明显,坏死部均质而混浊。此标本是由于硒缺乏引起的渗出性素质和骨骼肌坏死。

（6）肺坏疽　标本是马的肺脏,由于误咽引起的异物性肺炎,在异物性肺炎的基础上进一步发展成为肺坏疽。在被膜下和切面上,见有几处灰黑色大块的病灶,坏疽区边缘不整,呈不正圆形,由于脓性溶解坏死区和周围出现空隙,中央部是坏死组织,呈灰黑色。新鲜时切开有污秽不洁的液体流出,并放出恶臭的气味,在肺的切面上除有坏疽病灶外还有小的灰白色坏死灶,包膜上有纤维素绒毛。

（7）液化性坏死　标本为硒-维生素E缺乏雏鸡小脑液化性坏死。小脑局部脑膜可见明显水肿及少量出血点。表面皮质颜色灰白或黄白,触之或晃动可感到有波动感。

### (三)组织切片观察

（1）肝细胞坏死(图2-24,彩图2-24)　标本为马的肝脏,低倍镜下见肝小叶的中央静脉及窦状隙扩张瘀血,标本中见有数处肝结构不清楚的坏死灶,高倍镜观察坏死灶,大部分肝细胞结构不完整,胞浆着色淡,多数细胞核消失(←),仅少数细胞核尚存,多处于坏死状态,有些细胞核崩解呈碎块状,个别细胞核体积缩小而浓染(浓缩)(→)。由于肝细胞坏死,坏死灶部显露出肝索网状组织支架。坏死灶以外的肝小叶内也散在有坏死的肝细胞,同时有肝细胞的再生现象,表现为一个细胞内有2个核(↑),胞浆浓染。

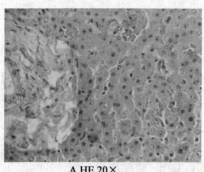 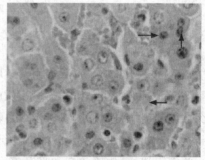

A.HE 20×　　　　　　　　　　　　　　B.HE 40×

图 2-24　肝细胞坏死

（2）骨骼肌蜡样坏死(白肌病)　标本为鸭子的骨骼肌蜡样坏死,组织学表现是肌纤维横纹消失,呈均质玻璃状,严重时呈不规则块状。低倍镜见肌纤维排列零乱,肌纤维之间距离增大,充满结缔组织。高倍镜观察见仅少数肌纤维能认出横纹,其余绝大部分肌纤维横纹和纵纹完全消失,有些肌纤维被伊红染成均质透明状,其中较多为横断的小块状,这些肌纤维的细胞核仅有少数残存。间质部分普遍充满幼稚结缔组织细胞(图2-25)。

（3）液化性坏死　标本为鸡的脑。坏死灶内的组织细胞崩解、破碎,组织结构模糊,变为无结构的红染颗粒状物质,坏死灶周围脑组织中见不同程度水肿,胶质细胞增生。

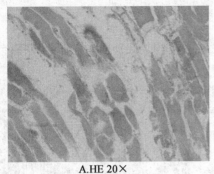

A.HE 20×　　　　　　　　　　　B.HE 40×

图 2-25　骨骼肌坏死

# 第五节　梗　　死

## 一、实验目的

了解并掌握梗死的类型及各类型梗死的病理形态学变化及其特征。

## 二、实验内容

大体标本：肾贫血性梗死（马）、肾出血性梗死（羊）、脾出血性梗死（猪）、脾出血性梗死（马）
组织切片：肾贫血性梗死（马）、脾出血性梗死（猪）。

## 三、实验标本观察

### (一)病变观察要点

1.眼观形态

(1)梗死区形状与器官的血管分布状态有关。多数器官的梗死灶呈圆锥形（立体观），切面呈楔形，尖端指向器官中心，基底指向包膜。心和脑的梗死灶形状为不规则地图样，肠管的梗死灶为节段性。

(2)梗死区质地致密，个别器官梗死区液化，均失去原有结构。

(3)多数器官梗死区颜色灰白，混浊脆弱而干燥，结构模糊，为贫血性梗死。一些器官梗死区颜色呈暗红色，为出血性梗死。

(4)贫血性梗死区与健康组织之间可见有黑褐色炎性出血带。

(5)陈旧性梗死灶可被肉芽组织机化，表面凹陷，切面灰白色略有光泽。

2.组织学形态

(1)多数器官的梗死表现为凝固性坏死的组织学形态。

(2)梗死区周围组织可见出血和炎性细胞浸润。

(3)时间较长的梗死区可见肉芽组织以及瘢痕形成。

## （二）大体标本观察

（1）肾贫血性梗死　标本为马的肾脏。肾脏表面可见到近圆形或椭圆形的、灰白色、混浊、稍隆起于肾脏表面并较硬的病灶，即贫血性梗死部。上述病灶的切面在皮质部呈不规则楔形，组织结构模糊，质地脆弱，这是因为梗死部的组织已完全坏死。参见图 2-26。

图 2-26　肾脏贫血性梗死（大体标本）

（2）肾出血性梗死　标本是羊的肾脏。肾脏瘀血，导致整个肾脏呈暗红色，肾脏表面上有一个黄豆粒大半球状凸起，呈深暗红色，凸起顶端被膜已破裂，上面附有坏死组织碎块，此为出血性梗死灶。

（3）脾出血性梗死　标本是猪的脾脏。在脾的边缘上可见多个暗红色不规则三角形病灶，稍凸起于脾脏表面，三角形的尖端指向中心，底与脾边缘平行。除此之外，在脾的表面上也有多个散在暗红色病灶，为不规则圆形，稍隆起于表面，也为出血性梗死灶。

（4）脾出血性梗死　标本是马的脾脏。在脾脏边缘部表面可见有许多形状不一、稍隆起脾脏表面的暗红色梗死部。该部切面近似楔形，呈暗红色，组织结构模糊，可观察到小梁。

## （三）组织切片观察

（1）肾贫血性梗死（图 2-27）　标本为马的肾脏皮质部切片。梗死区为凝固性坏死，因为是新形成的梗死灶，其周围还未发生炎性反应，因此界限不明显，需仔细观察方可认出梗死区。低倍镜移动视野，确定梗死区，要点是健康的肾小管比较完整，上皮细胞排列整齐，其中部分上皮细胞呈混浊肿胀状态；而梗死部绝大多数肾小管结构模糊，只能依基底膜认出肾小管的轮廓，上皮细胞崩解，碎块充塞于管腔内（→），核多消失，仅有极少数肾小管结构保持完整，梗死区内肾小球血管网极度空虚、体积缩小。沿梗死灶边缘可认出三角形梗死灶（☆）。

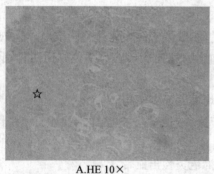
A.HE 10×

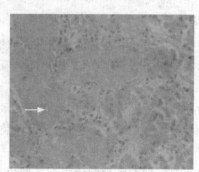
B.HE 40×

图 2-27　肾脏贫血性梗死

（2）脾脏出血性梗死　标本为猪的脾脏。低倍镜下见梗死灶外围有严重的出血及大量含铁血黄素沉着。梗死灶内及梗死区附近的脾小体的中央动脉及其分枝血管的内皮细胞肿胀，血管壁均质红染且增厚，导致血管内腔狭小或闭塞。

### 附1 蛋白质物质的鉴定方法

未染色新鲜材料作组织涂片或冰冻切片,显微镜下检查,实质细胞内见有大量微细颗粒,然后滴加2‰醋酸液后,则见颗粒先膨胀,后颗粒逐渐消失,依此证明颗粒是蛋白质物质。

### 附2 玻璃样物质的性状及证明方法

玻璃样物质为无结构、透明、有光泽、较硬的物质,对水、酒精、酸及碱很稳定,无特殊的组织化学反应,但对酸性染色剂着色强,用万吉逊胶原纤维染色时,呈现红色。

### 附3 黏液的性状及证明方法

黏液呈黏稠、有牵缕性、透明的半液体状物质,其中含有黏液素,镜检新鲜黏液呈均质、透明的滴状或泡状,黏液遇水膨胀,但不溶解。受弱醋酸作用时发生沉淀,呈纤维或絮片状,酒精也可使之沉淀,但加水又膨胀,不溶于碱性溶液。对某些染料表现变色反应(即着染成为不呈染料本身的颜色),如硫、甲苯胺蓝或焦油紫等染料可将黏液染成红色,一般常用黏液卡红(mucamin)染色,黏液染成红色。

### 附4 组织内脂肪的证明方法及鉴别

脂肪变性组织中出现的脂肪,主要是中性脂肪,检查方法是利用脂肪理化特点。脂肪易溶于酒精、醚、氯仿、苯和二甲苯等脂溶剂,如果在制作组织切片过程中,用上述任何一化学药剂处理组织,则组织内的脂肪溶解,观察时只能见到原来含有脂肪的空泡。

脂肪不溶于水,此点是与糖原不同的地方。脂肪遇酸不发生变化,借以与蛋白质相互区别。此外,组织内的脂肪可用组织化学来确定,例如用酸处理时,脂肪变黑,苏丹和猩红可将脂肪染成红色,依此可与水泡变性区别开。

### 附5 钙盐的证明法

病变组织沉着的钙盐有磷酸钙和碳酸钙两种,检查方法是将可疑含钙盐组织涂片或切片,用水粘于载玻片上,盖上盖玻片,由盖玻片一角滴入浓盐酸(或醋酸),立即在镜下观察,钙盐溶解时产生气泡($CO_2$)为碳酸钙,不产生气泡是磷酸钙。如果用15%硫酸铜处理切片,则钙盐溶解并形成针形放射状的硫酸钙结晶,如果用5%~10%草酸铜溶液处理,则形成立方体草酸钙结晶。

# 第三章　细胞和组织的适应性反应

## 第一节　增生与肥大

### 一、实验目的

掌握增生、肥大的概念以及形态学特征。

### 二、实验内容

大体标本：心脏肥大（马）、增生性胆管炎（兔）。
组织切片：心脏肥大（马）、增生性胆管炎（兔）。

### 三、实验标本观察

**1.病变观察要点**

（1）眼观形态　器官或组织体积增大，硬度及色泽基本无变化。

（2）组织学形态　器官或组织的实质细胞体积增大（单纯性肥大）或（和）数目增加（增数性肥大，即增生）。肥大与增生常同时发生。

**2.大体标本观察**

（1）心脏肥大　观察器官肥大时，应主要根据与正常器官的体积、重量和肥厚度等相比较来测定。标本为赛马的心脏，体积显著增大，心壁肥厚，重量和硬度都比正常增大。赛马因长期剧烈地运动，心脏机能活动亢进，因此心壁增厚，所以心脏肥大应属于生理性肥大。

（2）增生性胆管炎　标本为兔子的肝脏，肝切面见铜钱大小椭圆形病灶，病灶表面有细小颗粒，此即为胆管增生而成病灶。

**3.组织切片观察**

（1）心肌肥大（图 3-1，彩图 3-1）　一般通过制作心肌纤维的横切面切片来观察心肌纤维肥大。低倍镜下可看到肌束中的肌纤维伊红着色深浅不一，淡染部分的心肌纤维间隔比浓染部分间隔大。高倍镜观察此伊红浓染部的心肌纤维，比淡染部的心肌纤维的体积大，而且原纤维也较清楚。此伊红浓染部分即为肥大的心肌纤维（→）。

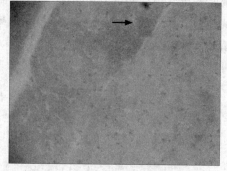

图 3-1　心肌肥大（HE 10×）

（2）增生性胆管炎（图 3-2）　低倍镜下可见肝小叶结构破坏明显，门管区见大量胆管增生。高倍镜下可见胆管上皮细胞坏死、脱落，管腔内见圆形卵囊样结构（→），卵囊壁呈嗜酸性着染。胆管周围见纤维组织增生，并可见淋巴细胞，嗜酸性粒细胞浸润。

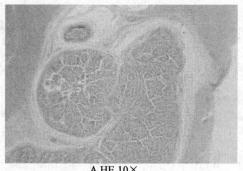
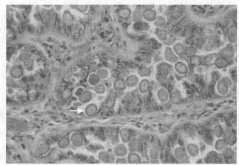

A.HE 10×　　　　　　　　　　　　　　B.HE 10×

图 3-2　增生性胆管炎

# 第二节　创 伤 愈 合

## 一、实验目的

1. 熟练掌握肉芽组织的组成及其形态学特征。
2. 了解皮肤、内脏器官以及骨折愈合的过程。

## 二、实验内容

大体标本：皮肤哆开创（马）、脾创伤性瘢痕（猪）。

组织切片：肉芽组织（心内膜炎机化）（猪）

## 三、实验标本观察

1. 病变观察要点

(1)肉芽组织

眼观形态：表现为鲜红色、颗粒状，柔软湿润，形似鲜嫩的肉芽。

组织学形态：表现为大量新生的毛细血管，其内皮细胞肿胀，毛细血管周围有许多新生的圆形或椭圆形成纤维细胞，常有大量渗出液及炎性细胞（以巨噬细胞为主）。

(2)皮肤创伤愈合

Ⅰ期愈合皮肤切口处形成较窄而整齐的瘢痕，组织缺损少，无感染。组织切片见瘢痕处表皮较薄，表皮下真皮组织结构的完整性破坏，其间有较少的结缔组织。

Ⅱ期愈合皮肤伤口处缺损较大，创缘不整，形成的瘢痕大而不规则。组织切片观察见该处皮肤结构缺失，为大量透明变性结缔组织增生所取代。

(3)骨折愈合　骨折处因出血、出现炎性反应而肿胀；之后骨折断端之间先后形成成骨性肉芽组织、纤维性骨痂、骨样组织或透明软骨；最后钙化（纤维性成骨或骨性成骨）。

(4)内脏器官（心脏、肝脏、脾脏、肺脏、肾脏等）创伤愈合　经肉芽组织增殖，最后形成硬化斑或硬化灶。

**2.大体标本观察**

（1）皮肤哆开创　标本为马的一块皮肤,皮肤上有一长条裂开处,中间嵌有无构造凝结物,是为皮肤的创伤。创缘部两侧的皮肤呈钝圆隆起、肿胀,其上附有治疗过程用的缝合丝,创面内稍凹陷的凝结物称创痂。此标本是处于肉芽组织形成阶段的哆开创。

（2）脾创伤性瘢痕　标本是猪的脾脏,在脾脏边缘有一块半圆形缺损部,此缺损是由于某种原因造成的机械性创伤。侧面观察创伤边缘较完整光滑,表面创伤已愈合,创口的顶端肿胀,呈暗红色（出血）。侧方呈隆起状,表面不平,为肉芽组织尚未达到成熟阶段,其周围呈黄红色。黄红色的产生乃是创伤口出血,其后红细胞破坏,遗留下的橙色血质。靠近创伤部的被膜凸凹不平,呈灰白色,为肉芽组织增生。

**3.组织切片观察**

肉芽组织（心内膜炎机化）:心内膜炎时,多在瓣膜上形成疣状物（血栓性物质）,称为疣状心内膜炎,标本为猪疣状心内膜炎的疣状物切片,无心肌组织,疣状物形成后引起肉芽组织增生,将其机化。肉芽组织来自发炎部位心内膜下的原有结缔组织和血管,逐渐向疣状物内增殖蔓延,最后形成结缔组织瘢痕。

标本为正在增殖过程中的肉芽组织（图 3-3）,各部位的细胞和血管数量不等。标本中心部细胞和血管少,排列疏松;周边部细胞密集,以梭形的成纤维细胞多见,其中混有最幼稚的淋巴细胞样细胞、极少数的浆细胞和嗜中性粒细胞。毛细血管数量很多,管壁仅为一层内皮细胞,有些血管空虚（→）。疣状物中心部细胞和血管少,为伊红淡染的无结构部分（被溶解的血栓成分）。在被机化的疣状物外侧与周边红细胞集团之间,有一条呈层状的血栓,该血栓内有呈条状或大小不等的球状的蓝色者为钙盐沉着（←）。

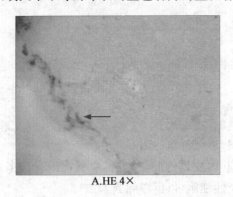 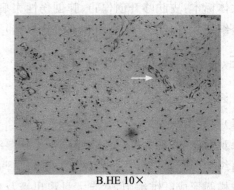

A.HE 4×　　　　　　　　　B.HE 10×

图 3-3　肉芽组织（心内膜机化）

# 第三节　机化和包囊形成

## 一、实验目的

掌握肉芽组织、机化和包囊形成是同一过程的不同阶段或不同表现形式。

## 二、实验内容

大体标本:肠壁粘连(猪)、腹膜粘连(猪)、肝寄生虫结节(马)、大网膜脓肿(猪)、肝脏坏死灶包囊形成(牛)。

组织切片:肝寄生虫结节(马)。

## 三、实验标本观察

1.病变观察要点

(1)坏死灶的机化 呈灰白色结缔组织斑。

(2)浆膜纤维素性渗出物的机化 于浆膜面上形成灰白色斑或形成绒毛状物,相邻浆膜面纤维素机化易发生粘连或致浆膜腔闭塞。

(3)肺脏纤维素渗出物机化(肺肉样变) 呈红褐色,肺脏无气体充盈,呼吸功能丧失,肺脏质地硬实如肉样。

(4)包囊形成 病灶不能完全被机化,结缔组织可将病理产物或异物包围,被包围的物质干燥、硬固,常可发生钙盐沉着。

2.大体标本观察

(1)肠壁粘连 标本为猪小肠的一部分,邻近肠浆膜面相互粘连在一起,将肠管固定为蛇曲状,影响肠的蠕动和内容物通过。肠壁粘连多为腹膜炎所致,如纤维素性腹膜炎时,腹膜及腹腔内各脏器(肝脏、脾脏、肠、胃、大网膜等)浆膜面都能发生纤维素性炎症过程,因此在腹腔内各浆膜面及腹腔内均可见有浆液纤维素性渗出物。炎症趋向恢复或慢性腹膜炎时,自浆膜有肉芽组织增殖,将附着于浆膜面的纤维素机化。如果此时互相靠近的浆膜间有纤维素,则肉芽组织借纤维素为桥梁,将两处浆膜连接起来,即形成粘连。

(2)腹膜粘连 标本是猪小肠和腹壁粘连,小肠和腹壁贴在一起,且不易剥离,这是猪去势时,引起腹膜炎,纤维素性渗出物进一步被机化,使小肠和腹壁粘连。

(3)肝寄生虫结节 标本为马的肝脏。肝表面有少数灰白色条状物质附着,以手牵引不易撕落,若强制牵引,则将连同该部位的肝包膜一同脱落,此为纤维素性炎(腹膜炎的一部分或单纯的纤维素性肝包膜炎)时渗出的纤维素被肉芽组织机化所致。

在肝的表面能见到数个黄豆粒大的结节,结节呈半球状隆起,边缘规整,为寄生虫结节,观察切面上的寄生虫结节,结节中心部为白色粗糙石灰状(坏死组织被钙化的表现),结节边缘部包以灰白色有透明感的结缔组织包囊。

(4)大网膜脓肿 标本为猪腹腔内大网膜上形成的脓肿。脓肿体积约排球大小,外包以较厚的结缔组织性包囊,其内充满脓汁。

(5)肝脏坏死灶周围包囊形成 标本为牛的肝脏。可见肝脏无结构坏死灶,坏死灶周围可见结缔组织包囊将病灶包围。参见图3-4。

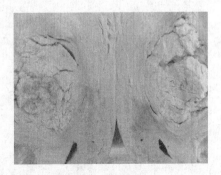

**图3-4 坏死灶周围包囊形成(大体标本)**

### 3.组织切片观察

肝寄生虫结节:在标本上可见到较大的寄生虫结节,结节周边个别区域已钙化,结节与肝组织之间有呈纤维状的结缔组织性包囊,包囊附近的间质结缔组织增生,其间有许多假胆管(参见图 2-19)。

# 第四章　炎　　症

## 第一节　变　质　性　炎

### 一、实验目的

1. 认识并掌握各类型炎症及其形态表现特点。

2. 了解观察炎症的形态学表现即变质、渗出和增生3个基本形态学变化的相互关系,并查明以哪一种变化表现最明显,哪两种变化表现轻微,借以确定炎症的种类和名称。

### 二、实验内容

大体标本:实质性肝炎(马)。

组织切片:实质性肝炎(马)。

### 三、实验标本观察

1. 病变观察要点

(1)眼观形态　器官体积肿大(细胞变性)或缩小(大片细胞坏死)。坏死有凝固性坏死、液化性坏死及坏疽等特殊形态。

(2)组织学形态　实质细胞常出现的病变为细胞颗粒变性、水泡变性、脂肪变性、细胞凝固性坏死或液化性坏死等;间质成分常为黏液变性和纤维素样坏死等;组织中有数量不等的炎性细胞浸润。

2. 大体标本观察

实质性肝炎:标本是传染性贫血病死马的肝脏,体积肿大,边缘钝圆,被膜紧张,呈暗红色(瘀血)。切面隆起、被膜自行剥离,实质模糊、肝小叶不清,触之易碎。

3. 组织切片

实质性肝炎:多发生于急性中毒性疾病、急性病毒感染性肝炎,肝细胞呈不同程度的变性及坏死(灶状至广泛性坏死),汇管区有轻度炎性细胞浸润和增生。

标本为患传染性贫血病马肝脏切片。标本中肝小叶结构不清楚。肝细胞索零碎不整齐,有三个已形成完整包囊的寄生虫结节,结节中心有钙盐沉着。高倍镜观察见肝细胞大小不等,较大的肝细胞胞浆被伊红浓染并呈颗粒状,胞核大多不清(混浊肿胀),最普遍的变化是肝细胞胞浆内有多数大小不等的空泡(脂肪变性);有些肝细胞溶解,呈淡染之絮状或完全消失(坏死)。少数肝细胞有两个核,胞浆着色深(再生)。窦状隙的变化较为突出,星细胞肿大并隆起,窦状隙扩张,隙内组织细胞和淋巴细胞样细胞浸润,星细胞及组织细胞浆内多含有茶褐色颗粒(含铁血黄素)。部分肝小叶边缘有局灶性淋巴细胞样细胞浸润集团。可参见消化系统章节中的图 8-3。

# 第二节　渗出性炎

## 一、实验目的

1.熟练掌握各种类型炎症的形态学变化特点。

2.了解炎症的形态学特点即变质、渗出和增生三个基本形态学变化的相互关系,并查明以哪一种变化为主,哪两种变化表现轻微,借以确定炎症的种类和名称。

## 二、实验内容

大体标本:浆液性肺炎(猪)、纤维素性肺炎(猪)、纤维素性胸膜肺炎(猪)、纤维素性心包炎(猪)、纤维素性坏死性肠炎(猪)、深部刺创(化脓性蜂窝织炎)(马)、化脓性肾炎(牛)、卡他性胃炎(猪)、卡他性肠炎(猪)、出血性肺炎(马)、出血性膀胱炎(猪)。

组织切片:浆液性肺炎(猪)、纤维素性肺炎(猪)、浆液纤维素性肺炎(马)、纤维素性化脓性肺炎(马)、纤维素性坏死性肠炎(猪)、出血性肺炎(猪)。

## 三、实验标本观察

### (一)病变观察要点

1.眼观形态

(1)浆液性炎　可发生于结缔组织(炎性水肿)、表皮(皮肤及皮肤型黏膜)及体腔浆膜(胸腔、腹腔、心包腔、关节腔及阴囊等浆膜腔)。其渗出物为清亮的液体,类似血浆和淋巴液,含有一定量蛋白质(主要为白蛋白),也可含少量纤维蛋白原、白细胞和脱落细胞。外观呈无色或带黄色半透明的液体。

(2)纤维素性炎　多发生于浆膜、黏膜和肺脏。其渗出物中因富含大分子的纤维蛋白,常在黏膜和浆膜表面形成膜状结构,在组织间隙中蓄积则使组织间隙"实变"。纤维素性炎多伴有组织的坏死。依组织坏死程度不同,分纤维素性炎(浮膜性炎)和纤维素性坏死性炎(固膜性炎)两种。

(3)化脓性炎　可发生于各种组织。渗出物中有大量中性粒细胞、变性坏死的组织细胞及一系列分解代谢产物,表现为一种浑浊凝乳状液体,呈灰黄色或黄绿色,称脓液。化脓性炎依其发生部位和表现形式可分为脓性卡他和积脓、脓肿。

(4)出血性炎　可发生于各种组织。组织呈红色,甲醛溶液固定后则呈黑色。皮肤、肺、肾、脑、黏膜和浆膜易发生出血性炎。

(5)卡他性炎　发生于黏膜。渗出物为浆液、黏液、脓性液体(脱落上皮及嗜中性粒细胞等),黏膜肿胀充血,黏液分泌亢进。

2.组织学形态

(1)浆液性炎的渗出物依蛋白含量的高低而呈淡红色到较深的红色(HE染色),并可见数量不等的炎性细胞(这是与漏出液所致水肿的重要区别)。

(2)纤维素性炎的渗出物表现为红色丝网状或颗粒状,其间有数量不等的炎性细胞浸润。

(3)化脓性炎的渗出物中可见大量的嗜中性粒细胞、变性坏死的嗜中性粒细胞(即脓细胞)及其引起的不同程度的组织坏死和液化。

(4)出血性炎的渗出液中可见大量红细胞。

(5)卡他性炎的黏膜上皮细胞黏液变性、脱落,充血水肿,细胞浸润。

## (二)大体标本观察

(1)浆液性肺炎 标本为猪的肺脏。尖叶及膈叶的一部分较肺脏其他部位的表面膨胀,呈黄色透明状,此为浆液性肺炎病灶。观察尖叶及中间叶的部分肺小叶,由表面能透视到其中有米粒大、灰白色、致密的支气管肺炎病灶。浆液性肺炎部是支气管肺炎的初期表现,进一步将发展为支气管肺炎。

(2)纤维素性肺炎 纤维素性肺炎的发展阶段分为充血期、红色肝样变期、灰色肝样变期和溶解期。观察的标本为患纤维素性肺炎的猪的肺脏,处于灰色肝样变期阶段。在肺脏切面的一侧能清楚认出肺泡的情况,另一侧则比较致密,肺泡轮廓消失,为纤维素性肺炎部。肺炎部呈灰白黄色,质地致密硬实,这是因肺泡内为纤维素填塞所致。如在固定之前作切面时,由于各肺泡内纤维素解脱束缚而向表面膨胀,使切面不平坦并呈颗粒状。标本为固定后作的切面,因此见不到颗粒状。如将肺炎部位切下投入水中,组织块可沉入水底。

(3)纤维素性胸膜肺炎 标本为猪的肺脏。在肺胸膜(浆膜)面上附有厚薄不等的灰白色覆盖物,部分覆盖物呈片状,容易剥脱。另一部分覆盖物与胸膜紧密相连不易剥落。这些覆盖物是由胸膜渗出的纤维素堆积而形成的,其一部分被由胸膜生出的肉芽组织所机化。

(4)纤维素性心包炎 心包属于浆膜之一,常发生纤维素性炎,其纤维素性炎的形成过程与上述胸膜肺炎基本相同。观察的标本为猪的心脏和心包。正常的心包内面(浆膜)很光滑,而此标本则特别粗糙,表面附有大量絮状或块状凝结物,尤以心房部为多。这些凝结物质是在心包炎时,由心包浆膜渗出的渗出物中析出的纤维素凝结而成。

(5)纤维素性心包炎 标本为猪的心脏和心包。其变化过程与前者相同。即心包炎时渗出大量渗出物,纤维素析出,其后渗出液被吸收,纤维素性凝结物被增生的结缔组织所机化,使心肌与心包粘连(即所谓的铠心),所以此标本的心包不能剥离。

(6)纤维素性坏死性肠炎(固膜性肠炎) 此标本为猪副伤寒的大肠弥漫性炎症。肠壁稍显增厚,较硬,弹性小,黏膜失掉正常结构,表面覆以很厚的、污灰褐色不平的薄膜,不易剥落,如强制剥脱则留有溃疡。此薄膜是由肠黏膜坏死及纤维素性渗出物混合而形成的,由肠壁切面可看出坏死已达黏膜深层。

(7)深部刺创(化脓性蜂窝织炎) 此标本与坏死一节所观察之深部刺创标本为同一病例的不同部位。标本中多处骨骼肌之间有脓性渗出物(脓汁经固定而呈凝卵样),由于肌间结缔组织及部分肌肉被脓性溶解而呈现空隙,导致肌肉分离。

(8)化脓性肾炎 标本为牛的肾脏。在肾脏表面散在多数大小不等的圆形黄白色小点,并稍隆起于肾脏表面(深部也有此白点),黄白色点即为肾皮质部形成的小脓肿。

(9)卡他性胃炎 标本是猪胃。胃壁明显增厚,胃黏膜肿胀。整个胃黏膜皱褶形成脑回样皱襞和凸起,黏膜粗糙无光泽、结构不清。在皱褶之间附着有灰白色带黑褐色的絮状物,即为黏液(由于固定大部分已脱落)。

(10)卡他性肠炎 标本为猪的小肠。肠壁因充血水肿而显肥厚,黏膜混浊无光泽,肠黏膜表面有稍透明的黏液,呈块状或棉絮状,这是由于肠黏膜分泌机能亢进而分泌较多量黏液。

（11）出血性肺炎　标本为急性马鼻疽的肺脏。肺脏的各切面均呈红色,为弥漫性炎性充血。仔细观察各部位变化并不一致,大多数肺泡仍能认出（微小蜂窝状）,有些部位颜色较深呈暗红色,无明显界限和固定形状。颜色深部肺组织变致密,认不出肺泡,此是由于肺泡内充满血液,即色深部为出血的表现。此外,在标本中有粟粒大黄白色鼻疽结节。

图 4-1　出血性膀胱炎（大体标本）

（12）出血性膀胱炎　标本为猪的膀胱,为了便于观察,黏膜翻到外边,内面是浆膜。膀胱壁增厚,黏膜肿胀,有的部位形成皱褶和大小不等的突起,黏膜粗糙无光泽,正常结构消失,在黏膜上可见有多处点状、条纹状和片状暗红色出血（图 4-1）。

## （三）组织切片观察

（1）浆液性肺炎（图 4-2）　肺泡壁毛细血管及其他血管均扩张充血,肺泡内充满伊红淡染的透明液体（→）,渗出液中混有少数圆形细胞,支气管管腔内也充有同样液体。其黏膜上皮细胞排列不整齐,部分上皮细胞剥落。观察此标本时应与充血时观察的"肺充血及肺水肿"相比较,识别炎性水肿与非炎性水肿。

（2）纤维素性肺炎　肺泡壁毛细血管扩张充血,肺泡腔内充满大量伊红淡染丝网状纤维素,纤维素网孔中见淋巴细胞、嗜中性粒细胞及脱落的肺泡壁上皮细胞。部分肺泡内充满伊红淡染的均质浆液。此标本的肺炎所处阶段为红色肝样变期的末期。参见图 4-3。

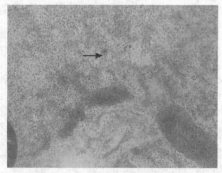

图 4-2　浆液性肺炎（HE 20×）

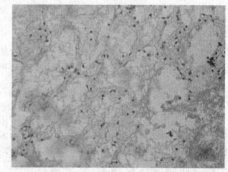

图 4-3　纤维素性肺炎（HE 20×）

（3）浆液纤维素性肺炎　标本为马浆液纤维素性肺炎,在此标本的不同视野中可同时观察到浆液性肺炎和纤维素性肺炎的组织学变化。肺泡壁毛细血管充血,肺泡腔内见伊红淡染浆液性渗出物,同时可见到大量炎性细胞浸润（图 4-4A）。在另一视野中,可见染色较淡的肺泡腔中充满大量丝状纤维素（图 4-4B,彩图 4-4B）,同时也可见浸润的炎性细胞。

（4）纤维素性化脓性肺炎（图 4-5,彩图 4-5）　标本为马传染性胸膜肺炎的肺组织切片。有关马传染性胸膜肺炎的具体病理解剖学变化待各论时阐述。肺组织内血管呈不同程度的充血,肺泡内有凝结成红色丝网状的纤维素,纤维素网眼内含有红细胞和白细胞（嗜中性粒细胞、淋巴细胞和组织细胞）。部分肺泡内充满伊红淡染的均质浆液。此标本的肺炎所处阶段为红色肝样变期的末期。其次,在标本中有数处蓝红色组织溶解灶,其周边有明显细胞浸润,该部为化脓灶(→)。化脓灶中心部的组织和浸润的细胞坏死崩解(脓性溶解),其周边部浸润细胞以嗜中性粒细胞、淋巴细胞为多,这些细胞尚保持其形态,但其核的着染性趋向于嗜酸性(染成蓝紫色),表明即将坏死。除肺组织的化脓灶外,在个别支气管管腔内呈现同样的化脓现象,其发生是由于支气管被渗出物及渗出细胞所充塞并进一步转变而成。

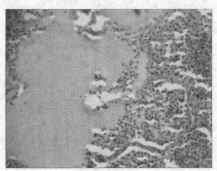

A. 视野一

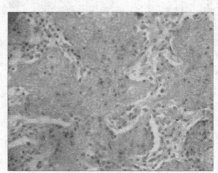
B. 视野二

图 4-4 浆液纤维素性肺炎(HE 20×)

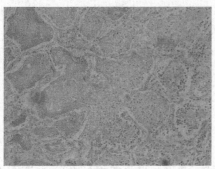
A.HE 10×

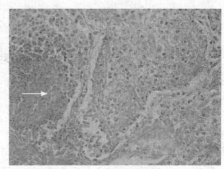
B.HE 20×

图 4-5 纤维素性化脓性肺炎

  标本中有部分肺泡与其他部分不同,即肺泡腔空虚,并未出现渗出物,肺泡腔较正常为大,且有间隔断裂的现象,此部分为代偿性气肿区。

  (5)纤维素性化脓性肺炎 此标本与上述标本完全相同,只是此标本是为了证实纤维素的存在,采用纤维蛋白染色法(维哥得氏染色法)进行染色,与上述标本对比观察,其中呈蓝色纤维网状者为纤维素,核呈红色。

  (6)纤维素性坏死性肠炎(图 4-6) 标本为猪的大肠切片。用低倍镜观察肠黏膜全貌,标本两端的黏膜结构能够认出,而中间部分的黏膜结构模糊,着色力很弱。改用高倍镜观察中间部位的黏膜时,见到该部位已丧失黏膜的固有结构,而是许多渗出物和坏死崩解组织的凝结物,黏膜下的孤立淋巴滤泡也呈坏死崩解状态,在坏死组织下面有炎性反应带(→)。

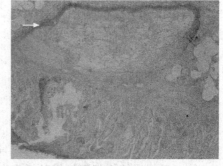

图 4-6 纤维素性坏死性肠炎(HE 20×)

（7）出血性肺炎　低倍镜下可见到所有肺泡壁上的血管和支气管周围都有许多蓝点（细胞浸润）。小叶间质内有渗出液潴留（间质水肿）。肺泡内多充满红细胞,支气管内也有红细胞,渗出的红细胞中混有白细胞。参见图4-7。

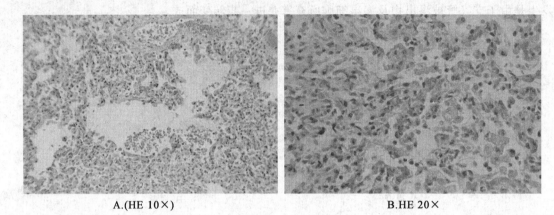

A.(HE 10×)　　　　　　　　　　　　B.HE 20×

图 4-7　出血性肺炎

# 第三节　增生性炎

## 一、实验目的

1.认识并掌握各类型炎症的形态表现特点。

2.了解观察炎症的三个基本形态学表现即变质、渗出和增生的相互关系,并查明以哪一种变化表现最明显,哪两种变化表现轻微,借以确定炎症的种类和名称。

## 二、实验内容

大体标本:肝片形吸虫寄生性胆管炎（羊）、细胞增生性脾炎（马）。

组织切片:肝片形吸虫寄生性胆管炎（羊）、化脓性肉芽肿性炎症（马）、脂肪组织肉芽肿（犬）。

## 三、实验标本观察

### (一)病变观察要点

1.眼观形态

（1）非特异性增生性炎症的组织器官常表现为体积增大或管腔器官管壁增厚。

（2）由于间质结缔组织纤维的增生和胶原纤维增多,组织多变得较硬实。

（3）常在黏膜表面形成颗粒状、息肉状或多乳头状增生物。

2.组织学形态

(1)非特异性增生性炎症中的急性增生性炎以网状内皮系统(或单核吞噬细胞系统)细胞的增生为主,并浸润于组织间隙内,结缔组织的增殖不明显。慢性增生性炎症主要表现为间质中肉芽组织增生(成纤维细胞增生,细胞周围产生大量胶原纤维和基质),可混有淋巴细胞、浆细胞、巨噬细胞,后期形成瘢痕组织。

(2)异性增生性炎症(肉芽肿性炎症)中可见巨噬细胞及其衍生细胞增生并形成境界清楚的结节,结节中央为坏死或异物,周围有多少不等的巨噬细胞及其衍生细胞,外有纤维结缔组织包裹和淋巴细胞浸润。

## (二)大体标本观察

(1)肝片形吸虫寄生性胆管炎 标本为羊肝脏。当肝片形吸虫进入胆管后,由于虫体的机械性损伤、毒素的作用以及从肠道带入的细菌而引起肝组织的慢性炎症变化。胆管管壁因结缔组织增生和胆管上皮细胞增生而显著肥厚,管腔扩张。胆管的黏膜粗糙,有时黏膜面沉着钙盐。胆管内含有不洁的黄褐色、浓稠胆汁,其中混有虫卵、脱落上皮、白细胞、红细胞等,有时于胆管内可发现少量的肝片吸虫。严重的肝片形吸虫寄生时,不仅引起慢性胆管炎,还可能引起慢性间质性肝炎以及萎缩性肝硬变。

(2)细胞增生性脾炎 标本为马的脾脏。眼观脾脏体积较小,颜色灰红。质地较硬实,表面不平坦,呈颗粒状。切面稍隆起,其上有大量米粒大灰白色隆起,为增生的白髓。

## (三)组织切片观察

(1)肝片形吸虫寄生性胆管炎 标本中除可见到胆管数量增加,胆管上皮增生及管壁结缔组织增生外,在胆管内可见到脱落的上皮细胞和渗出的白细胞、渗出液以及胆汁等,其中细胞成分大部分轮廓不清,处于溶解状态。因此在标本上同时可看到增生、渗出和变质的变化,但以增生现象占优势,其他病变不明显,所以应属于慢性增生性炎。参见图4-8。

图 4-8 肝片形吸虫寄生性胆管炎(HE 10×)

(2)化脓性肉芽肿性炎症 标本为葡萄球菌引起的马面部鼻上颌部位结节。显微镜下组织结构丢失,仅见多处或孤立或合并的病变区域,该区域中心为弱嗜碱性着染物质,外围为嗜酸性着染物质(图4-9A)。病变区域外围为蓝染的细胞集团。高倍镜下观察蓝染细胞集团为浸润的嗜中性粒细胞、巨噬细胞、淋巴细胞以及浆细胞,其中大部分细胞已崩解坏死。参见图4-9B。

(3)脂肪组织肉芽肿(图4-10,彩图4-10) 标本为腹部疼痛病犬的腹部组织。低倍镜下见组织无明显结构,大部分脂肪组织广泛被纤维蛋白、红细胞、胶原纤维、坏死细胞碎片以及大量形态不一的胞浆内有小空泡的细胞所取代。高倍镜下可见胞浆内充满空泡的细胞为大的巨噬细胞,具有双核或多核(→)。

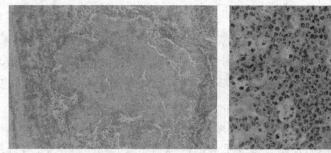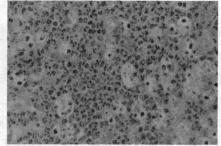

A.HE 10×　　　　　　　　　　B.HE 20×

图 4-9　化脓性肉芽肿性炎

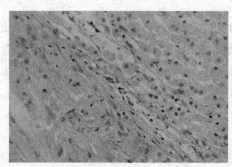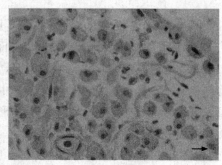

A.HE 10×　　　　　　　　　　B.HE 40×

图 4-10　脂肪组织肉芽肿

# 第五章　肿　　瘤

## 一、实验目的

熟练掌握各型肿瘤（软性和硬性纤维瘤、脂肪瘤、乳头状瘤、鳞状上皮癌、黑色素肉瘤）的病理组织学特征。

## 二、实验内容

大体标本：乳头瘤（犬）、软性纤维瘤（犬）、硬性纤维瘤（犬）、脂肪瘤（马）、黑色素肉瘤（马）、鳞状上皮癌（马）。

组织切片：乳头瘤（犬）、软性纤维瘤（犬）、硬性纤维瘤（犬）、黑色素肉瘤（马）、鳞状上皮癌（马）、纤维肉瘤（犬）、猫大细胞淋巴瘤。

## 三、实验标本观察

### (一)病变观察要点

1.眼观形态

(1)体表、体腔或管腔器官内表面的良性肿瘤呈外生性生长，形成乳头状、息肉状、菜花状、覃伞状肿物，参见图 5-1。

(2)深部组织良性肿瘤呈膨胀性生长，形成结节状、分叶状肿块，有完整包膜，与周围组织分界清楚，并常挤压周围组织，参见图 5-1。

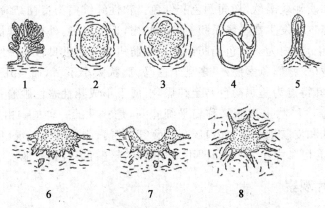

**图 5-1　肿瘤生长方式与外形特征示意图**
1.外生性菜花状生长　2.膨胀性结节状生长　3.膨胀性分叶状生长　4.膨胀性囊状生长
5.外生性息肉状生长　6.外生性浸润性生长　7.溃疡性浸润性生长　8.内生性浸润性生长

(3)体表、体腔或管腔器官的恶性肿瘤除外生性生长外，其基底部可见浸润性生长。深部组织的恶性肿瘤呈浸润性生长,形成蟹足状肿块,肿块边界不整齐,无包膜,见图5-1。

(4)生长快的恶性肿瘤常挤压周围组织形成假包膜,肿瘤中央可有坏死出血。

(5)肿瘤硬度与间质成分比例有关,间质多则较硬,实质多则较软。

2.组织学形态

(1)肿瘤的组织结构分为实质和间质。肿瘤细胞为肿瘤实质,实质决定该肿瘤的特性。间质主要由血管和结缔组织组成,可有淋巴管和少量神经纤维,无特异性。间叶源性肿瘤的间质和实质分界不清,肿瘤向周围组织浸润生长。

(2)肿瘤的异型性只见于实质,即肿瘤组织结构、细胞形态和起源组织的差异,分为组织结构异型性和细胞异型性。

(3)组织结构异型性主要见于肿瘤细胞排列紊乱,极向消失,失去或部分失去其来源组织的结构特点。良性肿瘤的组织结构异型性明显,肿瘤的细胞异型性不明显。恶性肿瘤实质的细胞异型性和组织结构异型性均明显。

(4)细胞异型性:瘤细胞异型性具有"大、多、怪、裂"的特点。

大:瘤细胞大,核大,核仁大,核和细胞的比例增大接近1:1(正常为1:(4～6))。

多:瘤细胞和核多形性,核多,核仁多,核染色质多,核分裂多。

怪:瘤细胞和核奇形怪状。

裂:病理性核分裂,表现为不对称性、多极性及顿挫性核分裂。

## (二)大体标本观察

(1)乳头瘤　在犬的上下唇部有数个大小不等的黄褐色疣状增生物,其表面呈小分枝状,有的呈圆形,顶部不平,这些疣状物均为乳头瘤,属于成熟性良性上皮性肿瘤。

(2)硬性纤维瘤　为发生在犬皮下的纤维瘤,呈结节状,能认出与周围皮肤的界限,标本的切面具特有的纤维条索状。质地硬实,切面颜色灰白。硬性纤维瘤属于良性结缔组织性肿瘤。

(3)软性纤维瘤　为发生在犬皮下的纤维瘤,同硬性纤维瘤一样呈结节状,能认出与周围皮肤的界限,但标本质地较柔软,切面颜色灰红色。软性纤维瘤为良性结缔组织性肿瘤。

(4)脂肪瘤　标本是发生在马肠系膜上的脂肪瘤,近似圆形,外被一薄层结缔组织性包膜,并借以悬于肠系膜上,其内为淡黄色脂肪组织。脂肪瘤是成熟性良性结缔组织性肿瘤。

(5)黑色素肉瘤(或称黑色素癌)　多见于白马,形状大小不一,而且几乎所有器官都能发生,一般呈结节状,其特点为呈黑褐色乃至纯黑色,属于不成熟性恶性肿瘤。

(6)鳞状上皮癌　鳞状上皮癌又称扁平细胞癌,是常见的一种瘤。由复层鳞状上皮所发生,可以发生在皮肤和皮肤型黏膜,如口腔、舌、食管、肛门、阴道等处。观察标本为一个鳞状上皮癌块,不定形,约有巴掌大小,表面凸凹不平呈菜花样,颜色灰白,质地较柔软。

## (三)组织切片观察

(1)乳头瘤(图5-2)　在低倍镜下,可看到呈树枝状的伊红淡染部分,其上面有蓝色散砂样颗粒,最表面为透明深红色,这些是被覆上皮的构造。用高倍镜观察,则能认出伊红淡染的部分(→)为纤维结缔组织及血管(即瘤的基质),相当于皮肤的真皮。基质上面的蓝染部分(←)相当于被覆上皮的棘细胞层和鳞状上皮细胞层,但是其细胞景象不甚清楚,深红色无结构者为角化层,乳头瘤的组织结构和一般被覆上皮相一致,唯上皮不平坦,呈树枝状起伏。

（2）硬性纤维瘤　在低倍镜下，瘤细胞与胶原纤维的形态和染色性同正常纤维结缔组织中的成纤维细胞和胶原纤维十分相似。纤维结缔组织排列致密而不规整，纤维纵横交错，呈现旋涡状或编织状分布。其中央有少数血管，而血管壁结构不完整。参见图5-3。

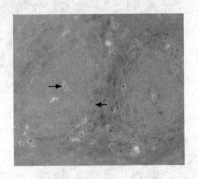

图 5-2　乳头瘤（HE 40×）

图 5-3　硬性纤维瘤（HE 10×）

（3）软性纤维瘤　低倍镜下见纤维结缔组织较为成熟，排列较疏松，组织中含大量小血管，血管内充满大量红细胞（图5-4）。

（4）鳞状上皮癌　用低倍镜观察，见到由纤维状结缔组织围绕着许多圆形或其他形状的被覆上皮组织集团，该集团的边缘蓝染散砂样构造与结缔组织相邻接，其内为伊红淡染的细胞，中心为红色透明，无结构。

用高倍镜观察此细胞集团（图5-5，彩图5-5），可以认出是近似被覆上皮组织的构造（←），即周边呈散砂样结构相当于被覆上皮的基底膜及多角形的棘细胞，其内伊红淡染的为鳞状上皮，此层较厚。最中心红色部分呈同心轮层状者为角化部（→）。在上皮性恶性肿瘤中，都具备这种实质被结缔组织基质围绕呈巢状的特点，称此实质集团为癌胞巢（或癌巢），角化的中心称癌珍珠（或角化珠）。鳞状上皮癌属于不成熟性恶性上皮性肿瘤。

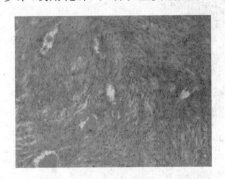

图 5-4　软性纤维瘤（HE 10×）

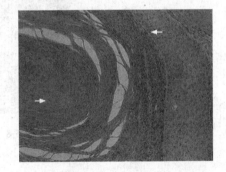

图 5-5　鳞状上皮癌（HE 20×）

（5）黑色素肉瘤（图5-6）　标本是马的淋巴结。淋巴结的被膜、小梁可清楚认出，但淋巴小结及淋巴窦被形状不一、大小不等的黑色素细胞所占据而模糊不清。瘤细胞以梭形细胞为最多，细胞内含有黑褐色色素，含色素量多者其细胞增大变圆，呈黑点状（→）。此黑色素肉瘤是瘤细胞经淋巴管转移到淋巴结内，进而增殖形成转移性黑色素肉瘤。

（6）纤维肉瘤　低倍镜观察见瘤组织由纵横交错呈束状或漩涡状排列的梭形细胞组成，但瘤细胞密度和紊乱排列比纤维瘤明显，瘤组织内含有较多的薄壁血管，结缔组织间质较少。高倍镜观察可见瘤细胞体积较大,梭形或椭圆形,形态与纤维母细胞相类似,细胞异型性明显,胞核较大、深染并可见核分裂象,核膜增厚。

(7)猫大细胞淋巴瘤(图5-7) 标本为成年呕吐猫空肠。低倍镜下可见肿瘤细胞自黏膜肌层蔓延至黏膜下层和肌肉层。高倍镜下可见瘤细胞分化程度较低,瘤细胞由圆形、大小较一致的淋巴母细胞构成。瘤细胞呈条带状排列,单个存在的瘤细胞体积较大(→),胞浆较多且伊红淡染,瘤细胞边界不明显。胞核大而圆核分裂象明显。

图5-6 黑色素肉瘤(HE 10×)

 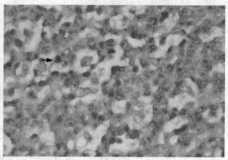

A.HE 10× B.HE 40×

图5-7 猫大细胞淋巴瘤

(8)脂肪瘤 镜下可见大量脂肪细胞,脂肪细胞间见大量小血管增生(图5-8)。

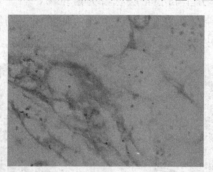

图5-8 脂肪瘤(HE 20×)

# 第六章　心脏血管系统病理

## 心血管系统标本观察方法

1.心脏

剖检过程中主要观察并记录心脏的大小、形态及心外膜的色泽及光滑度。剖面观察各心腔有无扩张,心肌的厚度、硬度及色泽,心肌有无梗死、出血及瘢痕形成。心内膜是否光滑,其下有无出血点,内膜有无附壁血栓。各瓣膜的周径有无改变,瓣膜有无水肿、增厚或变硬,有无赘生物附着,如有赘生物则记录赘生物的数量、大小、形态、颜色与排列如何。瓣膜有无破溃、穿孔。腱索有无增粗、缩短或融合。乳头肌有无肥大。心房间隔、卵圆孔是否闭锁,心室间隔有无缺损。冠状动脉有无病变等。

2.血管

观察血管外形有无变化(如囊状突出、梭形膨大、弯曲及结节等),管壁厚度和硬度有无改变。血管内膜是否光滑,有无硬化斑块形成。管腔是否变窄,腔内有无血栓及其他异物。光镜观察血管内皮细胞是否完整,内膜有无增厚及异常物质沉积,弹力纤维有无断裂、增多或减少,中膜平滑肌细胞有何改变,管壁各层有无炎症反应,管腔有无狭窄等。

# 第一节　心　包　炎

## 一、实验目的

了解并掌握心包炎的类型及其病理学变化特征。

## 二、实验内容

大体标本:纤维素性心包炎(猪)、纤维素性(或粘连性)心包炎(即铠心)(猪)、牛创伤性网胃心包炎、牛创伤性心包炎。

组织切片:浆液纤维素性心包炎(猪)。

## 三、实验标本观察

1.病变观察要点

(1)浆液性和纤维素性心包炎　眼观形态可见心包壁略增厚,失去正常光泽。心包腔扩张,心包腔内积聚有多量、稍浑浊、淡黄色浆液性渗出物,其中混有少量纤维素絮状物,此为浆液性心包炎;若心包腔内潴留的渗出物混有大量絮状纤维素,同时在浆膜面上附有纤维素性渗出物,此为纤维素性心包炎。慢性病例心包炎的心包浆膜面上纤维素性渗出物被肉芽组织机化,浆膜肥厚,局部可见白色点状斑点,或整个心包部发生粘连。

组织学形态可见心包部血管扩张充血,有时见出血,并且可见浆液纤维素渗出物。心包间皮细胞肿胀增生和剥落,胞浆增加,核变为卵圆形。在渗出的纤维素形成的网眼中可见有各种炎性细胞,慢性时见有机化发生。

(2)化脓性心包炎 可源自创伤性心包炎时伴有化脓菌或腐败菌随异物侵入心包,可见心包腔内蓄积有大量、浑浊、凝固样渗出物,并附着于心包浆膜表面,心包浆膜粗糙不平。

(3)牛创伤性心包炎 机械性损伤所引起的心包炎,饲料或饲草中混进尖硬物体(如铁钉、铁丝等),当牛采食时异物可被吞咽到瘤胃,转入网胃,当胃蠕动时可刺破胃壁、膈和心包,胃内微生物可经过穿孔随之进入心包而引起心包炎。

心包浆膜表面见有明显缺损或异物,有时可见心肌明显缺损,心包腔内蓄积有大量、污秽的渗出物,常伴发出血。

2. 大体标本观察

(1)纤维素性心包炎 初期心包被覆细胞(间皮细胞)肿胀,失去正常光泽。继而出现炎性渗出物积聚于心包腔内。浆膜上皮全部或一部分剥脱,渗出物的性状最初为浆液性(浆液性心包炎),其后逐渐析出纤维素,此时在浆液性渗出物中有纤维素絮状物,因此渗出物浑浊,浆膜面(心包脏层以及壁层)有纤维素性渗出物(浆液纤维素性心包炎),有时心包腔内潴留的渗出物液体成分很少,凝结的渗出物位于浆膜面,称为纤维素性心包炎(或干性心包炎)。析出的纤维素性被覆物在心包浆膜面上,由于心脏搏动,导致纤维素不断地相互摩擦和连接,结果浆膜面呈粗绒状,有时于心外膜(即心包脏层)表面形成绒毛状外观,通常称为"绒毛心"。

(2)纤维素性(或粘连性)心包炎(即铠心) 慢性心包炎时,心包浆膜面纤维素性渗出物被肉芽组织机化,导致心包混浊肥厚,心包腔两层(壁层与脏层)粘连,有时为部分粘连,有时则整个心包全部发生粘连(即铠心)。若炎症为局限性时,在心外膜上可形成白色点状斑点,此外常伴有心肌营养不良等变化。

(3)牛创伤性网胃心包炎 心脏体积增大,心包腔内蓄积有较多的浑浊液体及黄白色纤维素凝块,创伤口部与第二胃之间形成结缔组织瘘管,并在管内有长约 10 cm 的铁钉一个。创伤口部心包与渗出的纤维素变得比较致密且硬实,为肉芽组织机化所致。

(4)牛创伤性心包炎 心脏体积增大,切开心包时流出大量污秽浑浊液体,并有臭味。心包壁及心外膜肥厚,并呈现大小不等的颗粒状,心包浆膜面粗糙,凸凹不平,呈红褐色,质地硬实,部分心包与心外膜粘连。

3. 组织切片观察

浆液纤维素性心包炎(图 6-1,彩图 6-1):心包壁层间皮细胞肿胀、增生和剥落,心包壁层表面不平整。心包腔内可见浆液及纤维素渗出物,渗出纤维素围成不规则网孔(←),在网孔中可见有淋巴细胞、成纤维细胞、嗜中性粒细胞、上皮样细胞以及由上皮样细胞形成的多核巨细胞(→)。心包脏层见大量炎性细胞浸润,心肌纤维颗粒变性,严重者发生坏死。

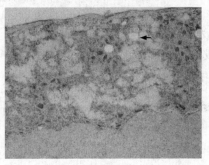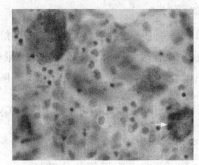

A.HE 20×　　　　　　　　　　　　　B.HE 40×

图 6-1　纤维素性心包炎

# 第二节　心　肌　炎

## 一、实验目的

了解并掌握心肌炎的类型及其病理学变化特征。

## 二、实验内容

大体标本:急性心肌炎。
组织切片:实质性心肌炎、急性间质性心肌炎。

## 三、实验标本观察

### (一)实质性心肌炎(parenchymatous myocarditis)

1.眼观形态

(1)可见心肌呈粉灰色,稍混浊,质地松软,心腔扩张。

(2)炎症病变部呈灰黄色或黄白色斑状或条纹状,散在于粉灰色的心肌组织内,其状颇似虎皮的斑纹,因此称之为"虎斑心"。

2.组织形态

(1)如炎症较轻微,心肌纤维呈颗粒变性、水泡变性和脂肪变性,严重者还可见有蜡样坏死,其心肌纤维呈滴状溶解,并有时在坏死的心肌内有钙盐沉着。

(2)间质结缔组织呈纤维素样变或纤维素样坏死。

(3)炎性充血、炎性水肿及细胞浸润(嗜中性粒细胞、嗜酸性粒细胞及淋巴细胞等)。

(4)成纤维细胞增生比较轻微。

### (二)间质性心肌炎(interstial myocarditis)

1.眼观形态

与实质性心肌炎所见相类似。

2.组织学形态

(1)间质呈明显的细胞浸润,多以淋巴细胞为主,有时伴有浆细胞。

(2)成纤维细胞增生,胶原纤维肿胀、疏松或原纤维解离。

(3)如慢性时,则见有多量结缔组织细胞增生以至纤维化。

### (三)化脓性心肌炎(suppurative myocarditis)

1.眼观形态

(1)在心肌内有大小不等的化脓灶。

(2)新鲜的化脓灶周围有充血或出血反应带,陈旧者常形成包囊。

2.组织学形态

(1)心肌纤维变性坏死。

(2)心肌纤维间有多量嗜中性粒细胞浸润,周围血管扩张充血和出血反应。

(3)慢性化脓时,化脓灶周围形成结缔组织包囊(脓肿)。

### (四)大体标本观察

急性心肌炎:标本为猪急性巴氏杆菌病的心脏,心脏切面上散在有灰白色条状或点状病灶,尤以乳头部为明显,病灶周围充血,灰白色病灶部心肌营养不良和坏死,所以该部位混浊、脆弱。此外,于心内膜下有米粒大小同样病灶散在。心外膜混浊,覆以灰白色薄片状纤维素性膜,此为纤维素性心外膜炎。

### (五)组织切片观察

(1)实质性心肌炎 心肌纤维肿胀,互相融合致界限不清。部分心肌纤维呈现坏死变化。间质见少量炎性细胞浸润(嗜中性粒细胞、嗜酸性粒细胞及淋巴细胞等)。成纤维细胞增生较轻微。参见图 6-2。

(2)急性间质性心肌炎 显微镜下观察可见小血管充血,尤以肌纤维间的毛细血管明显,普遍呈充血状态,心肌组织间有多处小圆形细胞浸润灶。细胞浸润以间质为主,被浸润部的肌纤维萎缩消失,间质增宽,在圆形细胞集团之间残存的个别心肌纤维发生颗粒变性、水泡变性和脂肪变性,在较大血管附近的间质内可见有成纤维细胞增生。严重区域可见肌纤维呈现滴状溶解。

图 6-2 实质性心肌炎(HE10×)

# 第三节 心内膜炎

## 一、实验目的

了解并掌握心内膜炎的类型及其病理学变化特征。

## 二、实验内容

大体标本:疣赘性心内膜炎。
组织切片:疣赘性心内膜炎。

## 三、实验标本观察

### (一)疣赘性心内膜炎(verrucose endocarditis)

1.眼观形态

(1)病变的心瓣膜充血肿胀,有时可见轻微损伤。
(2)瓣膜上可见疣状物,砂粒状、串珠状、乳头状、球状及葡萄状等,半透明,灰白色,干燥,质脆,易刮脱。
(3)疣状物体积逐渐增大,不透明且硬固,因机化而不易刮脱。

2.组织学形态

(1)瓣膜表层组织充血,内皮细胞剥离,细胞浸润。
(2)疣状物由血小板、纤维蛋白、红细胞组成。
(3)肉芽组织向疣状物内增殖(机化)。
(4)有时疣状物可发生钙沉着。

### (二)溃疡性心内膜炎(ulcerative endocarditis)

1.眼观形态

(1)瓣膜表面可见不透明黄白色小点或黄白色斑,稍干燥,表面粗糙,坏死块脱落后可形成较浅的溃疡。
(2)疣状物与疣赘性心内膜炎相似,只是较之粗大且不规整。
(3)病变严重时,腱索断裂,瓣膜发生溃疡。

2.组织学形态

(1)瓣膜组织坏死,胞核着色减弱乃至消失,与健康部交界处有显著的细胞浸润,也可见有肉芽组织增生。
(2)疣状物由血小板、纤维蛋白、细菌菌落、炎性细胞及坏死组织构成,可发生钙化,细菌菌落常在疣状物深部。
(3)疣状物基底部有不同程度机化。

### (三)大体标本观察

疣赘性心内膜炎:此标本为慢性猪丹毒病猪的心脏,心脏的右侧房室有已切开的裂口,由此可见到心内膜的情况。在透明的瓣膜上及瓣膜附近的心内膜上,有乳黄色疣赘状物附着,疣状物占据右心室大部分,疣状物表面凸凹不平,并有即将脱落的碎块,此疣状物即由于心内膜(主要是瓣膜)发生炎症变化,即内皮细胞和间质有变质性变化,同时伴有渗出,因而形成血栓,血栓逐渐增大而在内膜上形成较大的内容物,此标本的疣状物质地较硬,这是由于疣状物已被机化所致(图6-3)。

### (四)组织切片观察

疣赘性心内膜炎(图6-4,彩图6-4):此标本即为上述大体标本疣赘性心内膜炎的疣状物切片,即完全为血栓构造,并未切及心肌组织。此标本在创伤愈合实验时可观察其被机化过程的肉芽组织,图中箭头所示为肉芽组织中增生毛细血管(→)。

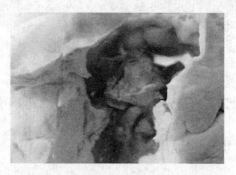

图6-3 疣赘性心内膜炎(大体标本)

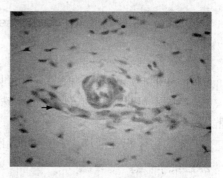

图6-4 疣赘性心内膜炎(HE 20×)

# 第七章　呼吸系统病理

## 呼吸系统标本(肺脏)观察方法

### 1.大体标本观察

观察并记录肺脏体积(长、宽、厚)和外形,检查肺胸膜有无渗出、粘连和增厚。观察肺脏切面时应注意支气管分布,粗细,颜色,黏膜是否光滑,管腔有无扩张、狭窄等。管腔内有无分泌物、渗出物、血凝块、异物、新生物等,管壁厚度是否正常。肺脏组织有无实变。病变部位、大小、形状、分布、结构、质地、颜色及与支气管关系。肺门淋巴结有无变化等。

### 2.组织切片观察

首先低倍镜观察胸膜有无病理学变化,注意肺脏一般结构,支气管及血管的状态,观察病变区的结构与分布及其与支气管和周围组织的关系。在低倍镜浏览的基础上,选择感兴趣的病灶换用高倍镜进行重点观察,观察病变区的组织结构、病变的病理学特征等。

# 第一节　肺　　炎

## 一、实验目的

熟练掌握支气管性肺炎、纤维素性肺炎的病理学变化特征。

## 二、实验内容

大体标本:支气管性肺炎(卡他性肺炎)(猪)、纤维素性肺炎(牛)、纤维素性肺炎(猪)、纤维素性肺炎肉样变(猪)。

组织切片:卡他性肺炎(猪)、纤维素性化脓性肺炎(马)、纤维素性肺炎肉样变(猪)、纤维素性肺炎(犊牛)。

## 三、实验标本观察

### (一)卡他性肺炎(bronchopneumonia)

#### 1.病变观察要点
(1)眼观形态
①好发部位是尖叶、心叶和膈叶的前下缘,病变为一侧性或两侧性。
②肺表面和切面见散在分布的岛屿状不规则的暗红色实变病灶,不突出于肺表面。
③一些病灶或呈灰黄色,围有红色炎症区和暗红色膨胀不全区,还可见苍白色代偿性气肿区。切面粗糙,病灶稍突出于切面,质地硬实,挤压见脓性物质。

④病灶中央常见 1～2 个细支气管断面。

⑤严重者,病灶可相互融合甚至累及全肺。

(2)组织学形态

①细支气管黏膜充血、水肿。

②病灶中支气管、细支气管管腔及其周围肺泡腔内有大量中性粒细胞、一些红细胞及脱落的肺泡上皮细胞,纤维蛋白较少。

③卡他性肺炎严重时,病灶相互融合,呈片状分布。

④病灶周围可伴发代偿性肺过度充气或肺不张。

**2.大体标本观察**

支气管性肺炎(卡他性肺炎):标本为患病仔猪流行性感冒的肺脏变化。肺脏充血、水肿,暗红色,间质增生,两侧肺叶的尖叶、中间叶和膈叶的前下方呈现局灶性的肺炎病灶。尖叶的肺炎病灶已融合为弥漫性大病灶,这些病灶在新鲜时为淡粉红色,稍硬实,有透明感,病灶内肺泡在肺表面和切面上均不可见,支气管内有灰白色浆液,有时浆液呈泡状,此标本经固定后病灶部位的色泽有很大改变。

**3.组织切片观察**

卡他性肺炎:标本为猪的肺脏。首先用眼观察切片,可见有一小块蓝染而且致密的部分,为卡他性肺炎部位。低倍镜观察,可见所有间质(管腔周围)的肺泡壁均有细胞浸润,间质轻度水肿。观察上述致密部位,可见到所有支气管上皮细胞排列不整,管腔内有渗出物,同时支气管周围及肺泡内渗出细胞特别多,肺泡很难认出。高倍镜观察,部分支气管尤其是小的支气管上皮细胞已脱落,管腔内充满渗出液和渗出细胞以及脱落上皮细胞,肺泡内除有大量渗出细胞外,也见有渗出的浆液(图 7-1)。

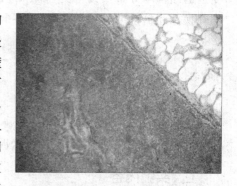

图 7-1　卡他性肺炎(HE 20×)

## (二)纤维素性肺炎(fibrinous pneumonia)

**1.病变观察要点**

根据病变的发展过程可分为四期:充血水肿期、红色肝样变期、灰色肝样变期和溶解消散期。

(1)眼观形态

①病变累及一个大叶,甚至一侧肺叶或全肺。

②肺脏肿大,暗红色(红色肝变期)或灰白色(灰色肝变期),质地硬实如肝脏,小叶间质扩张增宽,入水下沉。

③病变发展过程中,质地可由软变实(肝变期),之后再逐渐变软(消散期)。

(2)组织学形态

①肺泡壁毛细血管扩张充血(充血期和红色肝变期较明显,灰色肝变期较轻)。

②肺泡腔内容物在各期有所不同,基本成分是大量纤维素,此外可见大量红细胞(红色肝样变期)、大量中性粒细胞(灰色肝样变期),详细可参见相关教材。

③肺泡上皮细胞显著脱落。

2.大体标本观察

(1)纤维素性肺炎　标本为牛传染性胸膜肺炎的部分肺脏,病变部肺脏体积增大,硬度和重量增加,取小块可沉入水底。切面暗褐红色,肺泡不可见(因肺泡内充满纤维素性、出血性渗出物)。固定前作肺脏切面,纤维素性渗出物自肺泡向切面膨隆,致切面呈均匀颗粒状。支气管内充满同样渗出物,血管内普遍有红色血栓形成,表现为纤维素性肺炎红色肝样变期变化。胸膜表面也覆有一层纤维素性渗出物。此外,肺脏间质显著增宽,呈泡状者为淋巴管炎,此为牛传染性胸膜肺炎的特征性病变之一。一般在纤维素性肺炎时,间质可能有轻度水肿,而不发生明显的淋巴管炎变化。

(2)纤维素性肺炎　标本为猪纤维素性肺炎灰色肝样变期。肺脏病变部与红色肝样变期所见相同,即肿大、硬实,重量增加,切面致密,肺泡不可见。因为充血现象减轻以至消失,且渗出的红细胞消失,中性粒细胞增多,病变部的颜色由褐红色变为灰黄色。

(3)纤维素性肺炎肉样变　标本为猪的肺脏。此标本为纤维素性肺炎后期变化,即溶解期和肉样变。肺脏切面灰白色,致密且有弹性,各部均见有大小不等蜂眼,蜂眼一般比正常肺泡大,该部渗出纤维素溶解并被排出或吸收,因而在支气管管腔内含有已溶解的凝结物正向体外排出。此外,肺脏切面上致密且弹性较大部分为纤维素性肺炎渗出物被肉芽组织所机化,即所谓肉样变(图7-2)。

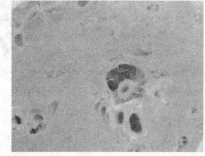

图7-2　纤维素性肺炎肉样变(大体标本)

3.组织切片观察

(1)纤维素性化脓性肺炎　此标本在炎症一章中已描述过,可参照该项说明。肺脏组织中见数处化脓灶,有的以小支气管为中心,有些仅限于支气管内有大量渗出的中性粒细胞,中心部细胞坏死崩解(脓性溶解)。化脓灶附近的肺泡内渗出细胞较多,是为化脓灶自中心向外扩展,其余大部肺泡内除有纤维素外尚留有红细胞和白细胞,其中红细胞数量依部位不同而多少不等。仍可见肺泡壁毛细血管充血现象,因此该纤维素性肺炎为红色肝样变期的后期(参见图4-5)。

(2)纤维素性肺炎(肺肉样变)　标本为猪肺脏。在视野中几乎没有完整的肺泡,而主要是呈纤维状或梭状的结缔组织细胞,此即为纤维性肺炎的纤维素性渗出物经肉芽组织增生而被机化,一般称之为肺肉样变,肺浆膜面(胸膜)有结缔组织增生现象,因此被膜增厚,视野中空泡为纤维素性肺炎时残余的一部分含空气的肺泡(图7-3)。

(3)纤维素性肺炎(图7-4)　标本为急性死亡犊牛肺脏。低倍镜下可见小支气管内充满伊红淡染絮状纤维素(→),周围可见蓝染细胞核。肺泡壁毛细血管充血。高倍镜观察可见,蓝染细胞核主要是巨噬细胞和嗜中性粒细胞。

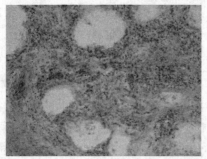
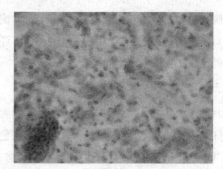

A.HE 10×             B.HE 40×

图 7-3 纤维素性肺炎肉样变

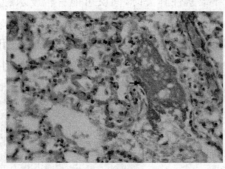
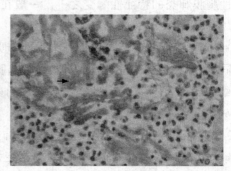

A.HE 10×             B.HE 40×

图 7-4 纤维素性肺炎

# 第二节 肺 气 肿

## 一、实验目的

了解肺气肿的类型,掌握肺气肿时的病理组织学特点。

## 二、实验内容

大体标本:间质性肺气肿(马)、肺泡性肺气肿(马)。

组织切片:卡他性肺炎及肺气肿(马)。

## 三、实验标本观察

### (一)病变观察要点

1.眼观形态

(1)肺脏体积显著膨大,边缘钝圆。

(2)肺脏颜色灰白。

56

(3)肺脏组织柔软而弹性差,指压痕不易消退。

(4)切面呈蜂窝状。

2.组织学形态

(1)肺泡扩张,间隔变窄、断裂,互相融合呈较大的囊腔。

(2)肺脏毛细血管明显减少,肺小动脉内膜呈纤维性增厚。

(3)肺脏细小支气管可见慢性炎症改变。

## (二)大体标本观察

(1)间质性肺气肿　标本为马的肺脏。肺脏的表面可看出小叶间的间隔明显增宽,其中充满串珠状的气泡,如切开则气泡逸出,此即间质性肺气肿。

(2)肺泡性肺气肿　标本为马的肺脏。肺脏的表面以肺小叶为单位向外膨胀,由肺表面可以清楚认出肺泡,肺泡因充满气体而扩张,导致肺小叶及整个肺脏膨胀,柔软,呈贫血状态。肺小叶之间也见有串珠状气泡,此标本因保存时间较久,致保存液浸入肺泡内,由原来有干燥感的肺脏变成为透明状态。

## (三)组织切片观察

卡他性肺炎及肺气肿:标本为马的肺脏。低倍镜观察标本全貌,各部肺泡腔大小相差悬殊,标本中有多处细胞密集的浸润灶,细胞浸润灶多以小支气管或血管为中心。

高倍镜观察有细胞浸润的支气管,管腔内多充满渗出物(浆液、纤维素及黏液)。其中有大量圆形细胞(以淋巴细胞为主,混有组织细胞及脱落的上皮细胞),支气管上皮细胞排列不整,上皮细胞肿胀,有些已脱落。支气管周围有显著的圆形细胞浸润和血管充血,这种变化波及位于支气管周围的肺泡,引起肺泡壁毛细血管扩张充血,肺泡内有浆液性渗出物及细胞浸润,有些肺泡内还混有红细胞(出血)。上述各种变化,为支气管性肺炎的变化。此标本中还可见到肺泡壁显著扩张,腔内空虚,大多表现为肺泡间隔断裂消失,形成大气泡,此即为肺气肿(代偿性肺气肿)。可参见图7-1。

# 第八章　消化系统病理

## 消化系统标本(肝脏)观察方法

### 1.大体标本观察

动物消化系统由消化道和消化腺两部分组成。消化道是由口腔、食管、胃、肠和肛门组成的连续性管道系统。观察消化道时应首先观察消化道表面的浆膜层,注意浆膜面颜色、光泽、有无渗出物,浆膜是否增厚,浆膜与相邻器官有无粘连。之后将消化道剖开,观察黏膜面颜色、黏膜厚度、有无充血、出血、溃疡,以及假膜形成等。

消化腺包括唾液腺、胃腺、胰腺、肝脏和肠腺。肝脏是动物体内最大的消化腺。观察肝脏时注意表面颜色。肝脏体积有无变化(体积增大时边缘钝圆,被膜紧张;体积缩小时被膜皱缩,边缘变锐)。肝脏被膜有无增厚或粘连,表面是否有渗出物覆盖。肝脏表面是否光滑,是否见结节状病灶,对结节的数量、大小、颜色、分布(弥漫还是局限性)进行详细记录。观察肝脏切面时注意结构是否正常,颜色有无变化,有无出血、囊腔或结节形成等。

### 2.组织切片观察

观察消化管组织切片时,主要观察消化管各层结构是否完整,各层是否存在变性、坏死、充血、出血、渗出、增生等病理组织学变化。

观察肝组织切片时,注意肝小叶结构是否完整;肝细胞索沿中央静脉的排列是否规则;肝细胞有无变性、坏死等病理组织学变化;肝窦状隙的内皮细胞是否有增生,是否有炎性渗出;汇管区有无结缔组织增生,胆管有无增生,血管有无异常改变。

## 第一节　胃炎与肠炎

### 一、实验目的

了解胃炎与肠炎类型及各个类型的病理学变化特点及其对机体影响。

### 二、实验内容

大体标本:急性卡他性胃炎(猪)、慢性卡他性胃炎(猪)、急性卡他性肠炎(猪)、慢性卡他性肠炎(猪)、纤维素性坏死性肠炎(猪)。

组织切片:急性卡他性胃炎(猪)、慢性卡他性胃炎(猪)、急性卡他性肠炎(猪)、慢性卡他性肠炎(猪)、纤维素性坏死性肠炎(猪)。

## 三、实验标本观察

### (一)病变观察要点

1.眼观形态

(1)黏膜充血发红,肿胀增厚(见于急性胃炎、急性肠炎)。

(2)黏膜肿胀增厚,皱褶增宽,似脑回状(见于慢性胃炎、慢性肠炎)。

(3)上皮细胞脱落及黏液分泌增多(见于急性胃炎、急性肠炎、慢性胃炎、慢性肠炎)。

2.组织学形态

(1)黏膜上皮细胞变性、坏死、脱落(急性胃炎、急性肠炎)。

(2)黏膜固有层血管充血和炎性细胞浸润(急性胃炎、急性肠炎)。

(3)黏膜固有层结缔组织和腺体增生,有多数浆细胞浸润(慢性胃炎、慢性肠炎)。

(4)淋巴滤泡因淋巴细胞增生而增大(急性胃炎、急性肠炎、慢性胃炎、慢性肠炎)。

### (二)大体标本观察

(1)急性卡他性胃炎 标本为猪的卡他性胃炎,胃黏膜充血发红,肿胀增厚,胃黏膜表面见少量出血点,黏膜表面有多量黏液性渗出物,固定后呈灰褐色。

(2)慢性卡他性胃炎 标本为猪的卡他性胃炎,胃黏膜表面可见灰色黏稠的黏液块,胃黏膜明显增厚,如脑回状,表面凹凸不平,呈颗粒状。

(3)急性卡他性肠炎 标本为猪的卡他性肠炎,黏膜显著肿胀,伴有出血,固定后呈黑色。肠内容物稀薄水样,淋巴滤泡(孤立淋巴滤泡和集合淋巴滤泡)肿胀导致黏膜表面呈半球状隆起。

(4)慢性卡他性肠炎 标本为猪的卡他性肠炎标本,肠黏膜灰白色并显著增厚,形成皱襞,甚至表面呈现脑回状。表面粗糙呈颗粒状,肠黏膜表面覆盖大量黏液块。

(5)纤维素性坏死性肠炎(固膜性肠炎) 此标本为猪副伤寒的大肠弥漫性炎症,肠壁稍显增厚,硬度增加,弹性小,黏膜失掉正常结构,表面覆盖较厚的灰褐色不平坦薄膜,此薄膜由坏死肠黏膜及纤维素性渗出物混合而成,由肠壁切面可看出坏死达黏膜深层,因此不易剥落,如强制剥脱则留有明显损伤(溃疡)。

### (三)组织切片观察

(1)急性卡他性胃炎 镜下见杯状细胞数量增多且杯状细胞内充满黏液。部分黏膜上皮细胞变性脱落,黏膜固有层血管充血和细胞浸润(以淋巴细胞为主,少量中性粒细胞),淋巴滤泡因淋巴细胞增生而增大。黏膜固有层腺体萎缩。

(2)慢性卡他性胃炎 镜下见胃黏膜固有层结缔组织和腺体增生,多量浆细胞浸润,淋巴滤泡增生。持续较久的慢性胃卡他,腺体萎缩甚至消失。

(3)急性卡他性肠炎 肠黏膜上皮细胞变性、部分脱落。杯状细胞增多,内充满黏液(→)(图8-1A)。固有层毛细血管充血、出血、水肿,见淋巴细胞、中性粒细胞及巨噬细胞浸润(图8-1B)。肠壁淋巴滤泡增大,生发中心明显。

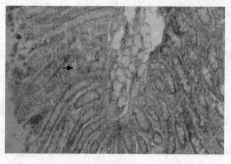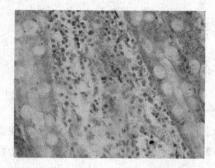

A.HE 10×                              B.HE 40×

图 8-1　急性卡他性肠炎

（4）慢性卡他性肠炎　肠黏膜上皮细胞萎缩、变性、坏死、脱落，黏膜表面覆盖由黏液和坏死脱落的上皮细胞构成的膜状物。固有层和黏膜下层结缔组织增生明显，并有炎性细胞浸润。肠腺萎缩、变性。

（5）纤维素性坏死性肠炎（固膜性肠炎）　标本为猪大肠切片。低倍镜观察肠黏膜的全貌，切片两端的黏膜结构能够认出，中间部分的黏膜结构则构成模糊，着色力弱。高倍镜观察中间部位黏膜，见到该部位已丧失黏膜固有结构，代之以许多渗出物和坏死崩解组织的凝结物，黏膜下孤立淋巴滤泡呈坏死崩解状态，坏死组织下面见炎性反应带（参见图 4-6）。

# 第二节　中毒性肝营养不良

## 一、实验目的

了解肝脏中毒性营养不良的病理学变化特征。

## 二、实验内容

大体标本：中毒性肝营养不良（马）。
组织切片：中毒性肝营养不良（马）。

## 三、实验标本观察

### （一）病变观察要点

1.眼观形态

（1）最初肝脏体积显著肿大（颗粒变性和脂肪变性），肝组织呈弥漫性均匀黄色乃至黄褐色，切面膨隆，小叶象结构模糊不清，含血量少。

（2）继之肝脏体积缩小，被膜皱缩，质地柔软，切面呈浑浊的土黄色。

（3）病势发展缓和病例，肝脏可发生出血，眼观肝小叶颜色由黄色变为红色，所以呈槟榔肝样外观。也可见到肝脏内呈大片出血。

2.组织学形态

(1)初期可见肝小叶中心部肝细胞颗粒变性、脂肪变性和坏死、崩解,肝细胞索零乱,细胞境界不清晰,着色减弱,变性和坏死可累及整个肝小叶,但一般肝小叶周边变化较轻。

(2)随病变发展,坏死明显的小叶中心区网状纤维显露,网状纤维间见散在的细胞碎屑、脂肪滴和胆色素。

(3)病程缓和时,中央静脉及窦状隙高度扩张充血、出血,肝小叶内见有细胞浸润(巨噬细胞、淋巴细胞及嗜中性粒细胞),小叶间结缔组织(汇管区)内有淋巴细胞浸润。

### (二)大体标本观察

中毒性肝营养不良:标本为马的肝脏,肝脏体积显著肿大,被膜紧张,边缘钝圆,切面粗糙、干燥,肝实质均匀、稍显黄绿色,质地脆弱易碎。肝小叶轮廓尚存,肝小叶中心稍凹陷,一侧被膜下及部分肝实质见出血(血肿)。

### (三)组织切片观察

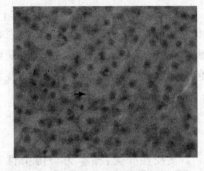

**图 8-2　中毒性肝营养不良(HE 20×)**

中毒性肝营养不良(图 8-2):低倍镜下可见少部分肝细胞索结构和肝细胞轮廓比较清楚,但大部分轮廓不清楚,伊红着色能力减弱,血管和窦状隙空虚。高倍镜观察可见大部分肝细胞内有大小不等空泡(→),细胞核淡染。严重时可见细胞浆呈絮状溶解,边缘不整,有些细胞内有黄褐色色素(胆色素)。

# 第三节　肝　　炎

## 一、实验目的

熟练掌握肝炎的类型及其各型的病理学变化特征。

## 二、实验内容

大体标本:实质性肝炎(马)。

组织切片:实质性肝炎(马)。

## 三、实验标本观察

### (一)实质性肝炎(parenchymalous hepatitis)

1.眼观形态

(1)初期肝脏肿胀,被膜紧张,边缘变钝,切面呈红黄相间并显膨隆,自切口流出暗红色血液。

(2)继之肝细胞因颗粒变性和脂肪变性而显著肿胀,压迫血管,切面呈混浊灰黄色,肝小叶结构模糊不清,质地脆弱。

2.组织学形态

(1)肝细胞颗粒变性、脂肪变性及坏死,肝细胞索零乱,并可见到少数再生肝细胞。

(2)窦状隙扩张,内有巨噬细胞、淋巴细胞和嗜中性粒细胞浸润,在巨噬细胞浆内吞噬有胆色素、含铁血黄素,细胞肿胀、变圆和脱落。

(3)汇管区有多数淋巴细胞和少量巨噬细胞浸润。

(4)初期中央静脉、窦状隙及小叶间静脉瘀血,后期减退。

(5)肝细胞坏死消失,见有网状纤维和结缔组织增生。

## (二)化脓性肝炎(suppurative hepatitis)

眼观形态:在肝脏表面和切面,可见孤立性或多发性脓肿。脓肿大小不等,浓汁因化脓菌不同而呈现黄白色、黄绿色或黄褐色。初期病灶周围有暗红色充血带;后期消失,脓肿周围可见结缔组织性包囊(脓肿膜)。

A.HE 10×

## (三)大体标本观察

实质性肝炎:标本为马传染性贫血病肝脏。肝脏肿胀,被膜紧张,边缘变钝,切面呈红黄相间并显膨隆,自切口流出暗红色血液。肝小叶结构模糊不清,质地脆弱。

B.HE 20×

## (四)组织切片观察

实质性肝炎(图 8-3,彩图 8-3):标本为马传染性贫血病肝脏。低倍镜下,见肝小叶结构不清楚。肝细胞索零碎不整齐,见 3 个已形成完整包囊的寄生虫结节,结节中有钙盐沉着(→)。

高倍镜观察,肝细胞大小不等,较大肝细胞的胞浆被伊红浓染并呈颗粒状,胞核大多不清晰(肝细胞颗粒变性),多数肝细胞胞浆内有许多大小不等的空泡(脂肪变性)(←);有些肝细胞溶解,呈淡染絮状或完全消失(坏死)。少数肝细胞内有两个核,胞浆染色深(再生)。窦状隙变化较为突出,星细胞肿大并隆起(↑),窦状隙扩张,隙内组织细胞和淋巴细胞样细胞浸润,星细胞及组织细胞浆内多含有茶褐色颗粒(含铁血黄素)。部分小叶边缘有局灶性淋巴细胞样细胞浸润集团。

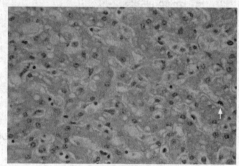

C.HE 40×

图 8-3　实质性肝炎

# 第四节 肝 硬 变

## 一、实验目的

熟练掌握肝硬变的病理学变化特征。

## 二、实验内容

大体标本:肝硬变(羊)、中毒性肝硬变(猪)。

组织切片:肝硬变(羊)、中毒性肝硬变(猪)。

## 三、实验标本观察

### (一)病变观察要点

1.眼观形态

(1)初期肝脏体积显著增大,重量增加(肥大性肝硬变)

(2)之后肝脏体积显著缩小,重量减轻(早期体积缩小不明显)。

(3)肝脏质地变硬。表面呈颗粒状或结节状,结节大小不等(结节性肝硬变)。

(4)切面结节大小不等,结节之间为灰白色纤维结缔组织间隔,间隔宽窄不一。严重时肝脏表面见大片白色瘢痕。

(5)胆汁性肝硬化肝脏体积常增大,黄绿色,表面平滑或细颗粒状,切面结节不明显。

2.组织学形态

(1)是结缔组织增生和肝小叶结构的破坏改建。正常肝小叶结构破坏,结缔组织自汇管区开始增生,假小叶形成及纤维组织增生。

(2)假小叶内肝细胞排列紊乱,中央静脉可有、可无或偏位或有2个以上。假小叶之间的纤维间隔宽窄不一。

(3)肝细胞大小不等,有的肝细胞体积大,着色深,核大浓染或呈双核(再生肝细胞);有些肝细胞发生变性坏死。网状纤维支架破坏,肝细胞排列零乱。

(4)胆汁性肝硬化肝脏的肝细胞内常有胆色素沉积,毛细胆管淤胆,形成胆栓。汇管区胆管扩张,小胆管增生。可见假胆管(由核较正常浓染的立方上皮细胞形成,呈无内腔条索状)。纤维组织增生但小叶结构破坏较轻。

### (二)大体标本观察

(1)肝硬变　标本为羊肝脏。肝脏体积缩小,质地变硬,表层肝脏组织呈现结节状或岛屿状,肝脏表面凸凹不平,肝脏各部色泽不一致。个别区域见大片白色瘢痕。

(2)中毒性肝硬变　标本为猪肝脏。肝脏体积增大不明显,重量增加,表面光滑,切面稍外翻,切面肝脏固有结构模糊不清,质地脆弱。

### (三)组织切片观察

(1)肝硬变　标本为羊原发性肝硬变。低倍镜可见所有肝小叶均不完整,肝细胞索排列不整、零碎,肝索间距离增大,小叶间及小叶内均有核浓染的细胞浸润集团,以及纤维状的结缔组织增生。

高倍镜观察,靠近结缔组织增生及细胞浸润明显部的肝细胞体积缩小(与肝小叶中心部肝细胞比较),大部分细胞核模糊或消失,结缔组织内尚残留零散肝细胞(萎缩和坏死明显)。许多肝细胞内有茶褐色色素(胆色素),增生的结缔组织细胞呈纺锤形,有些已成熟为纤维性结缔组织,核已经消失(参见图 2-3)。

(2)中毒性肝硬变　标本为猪的肝脏。慢性胃肠炎引起继发肝硬变,小叶间血管及窦状隙显著充血,肝细胞呈混浊肿胀和脂肪变性。肝小叶结构比较明显,标本一侧间质特别宽大,结缔组织中淋巴细胞较多,并富有假胆管和不完整的增生毛细血管(肝硬变过程中)。

# 第九章　泌尿系统病理

## 泌尿生殖系统标本(肾脏)观察方法

1.大体标本观察

(1)观察肾脏体积与质地的变化、表面色泽、被膜有无粘连。

(2)表面是否光滑,有无结节及凹凸不平变化。

(3)切面应注意被膜有无增厚,皮质厚度及皮髓质分界是否清楚。

(4)实质内有无局灶性病变,如有则应测量病灶大小,描述病灶的形状、颜色、质地及与周围组织的关系等。

(5)肾盂肾盏有无扩张,肾盂腔内有无异物,肾盂黏膜是否光滑,黏膜表面有无渗出物,肾盂黏膜有无增厚等。

2.组织切片观察

(1)肾脏皮质表面有无结缔组织增生。

(2)肾小球毛细血管充盈状态;血管内皮细胞有无肿胀、增生;系膜细胞有无增生,有无炎性细胞浸润;血管基底膜有无增厚,有无纤维组织增生。

(3)肾小球囊壁与肾小球有无粘连,如果存在病变是弥漫性还是局灶性分布等。

(4)肾小管上皮细胞有无变性、坏死,管腔内有无异常物质充塞。

(5)肾脏间质内有无炎性细胞浸润和结缔组织增生;有无肿瘤细胞存在及其他改变。

# 第一节　肾小球肾炎

## 一、实验目的

熟练掌握肾小球肾炎的类型及其病理学变化特征;认识急性、亚急性及慢性肾小球肾炎为同一病变的不同时期。

## 二、实验内容

大体标本:亚急性肾小球肾炎(猪),慢性肾小球肾炎(马)。
组织切片:浆液性肾小球肾炎(猪),慢性肾小球肾炎(马)。

## 三、实验标本观察

### (一)急性肾小球肾炎(acute glomerulonephritis)

1.眼观形态

(1)肾脏稍肿大,被膜紧张且容易剥离,肾表面及切面呈红色。

(2)切面皮质增厚,皮质与髓质分界较清楚。肾小球灰白色颗粒状隆起,有的病例肾脏表面及切面皮质见有散在粟粒大小出血点。

2.组织学形态

(1)病变弥散分布,广泛波及双肾脏绝大多数肾小球。

(2)肾小球体积膨大,细胞数量增多(主要为内皮细胞和系膜细胞增生及中性粒细胞和单核细胞浸润),有时脏层上皮细胞增生,内皮细胞肿胀。

(3)肾小球毛细血管彼此紧密粘连,血管内常见血栓形成。

(4)近曲小管上皮细胞变性,管腔内可见管型。

(5)肾间质充血、水肿,并有少量炎性细胞浸润。

## (二)亚急性肾小球肾炎(subacute glomerulonephritis)

1.眼观形态

(1)肾脏体积显著肿大,柔软,呈苍白色或淡黄色。

(2)切面皮质显著增厚,苍白浑浊,纹理不清。髓质呈灰红色,皮质与髓质境界清楚。

2.组织学形态

(1)肾小球囊壁层上皮细胞增生,突向肾小球囊腔,呈新月体状或半月体状。部分为细胞性新月体(以层状增生的壁层上皮细胞为主),部分为纤维-细胞性新月体(由较多纤维成分和壁层上皮细胞构成),部分为纤维性新月体(由大量胶原纤维和少量纤维细胞构成)。

(2)有新月体形成的肾小球囊腔变小、肾小球萎缩,部分肾小球纤维化、透明变性。

(3)肾小管上皮细胞变性,管腔内可见各种管型,部分肾小管萎缩。

(4)间质血管见充血、水肿和细胞浸润(淋巴细胞、浆细胞、嗜中性粒细胞和成纤维细胞)。

## (三)慢性肾小球肾炎(chronic glomerulonephritis)

1.眼观形态

(1)两侧肾脏对称性缩小,表面凹凸不平或呈颗粒状,质地硬实。

(2)肾被膜与肾表面粘连,难剥离,强力撕落被膜,则表面留有组织缺损。

(3)切面皮质变薄、致密。肾脏切面皮质髓质分界不清。有时在皮质或髓质内见肾囊泡。

(4)肾脏肾盂周围脂肪组织增多。

2.组织学形态

(1)肾脏被膜明显增厚。

(2)部分肾小球囊内见新月体形成及渗出物和血管球本身的纤维化。部分肾小球不同程度纤维化伴透明变性,相应肾小管萎缩,甚至纤维化或消失。

(3)部分残存肾小球有代偿性肥大,相应肾小管扩张,上皮细胞高柱状,管腔内可见各种管型。萎缩部分与代偿性肥大部分交错存在。

(4)间质内结缔组织增生,淋巴细胞、浆细胞浸润。由于间质纤维化而收缩,使病变肾小球相互靠拢、集中,此为皱缩肾的特点之一。

### （四）大体标本观察

（1）亚急性肾小球肾炎　标本为猪的肾脏,体积显著肿大,表面呈淡黄色。切面皮质显著增厚,苍白浑浊,纹理不清。髓质呈灰黑色(固定后)。皮质与髓质境界清楚。

（2）慢性肾小球肾炎　此标本为马的肾脏。肾脏体积皱缩,表面凹凸不平,质地硬实。肾被膜与肾表面细胞发生粘连,难剥离,强行剥离处的肾表面留有组织缺损。切面皮质变薄、致密。在皮质内见有一个小的囊腔。

### （五）组织切片观察

（1）浆液性肾小球性肾炎(图 9-1)　标本为急性猪丹毒肾脏,为肾小球急性炎症初期。初期肾小球体积增大(→),甚至充满整个肾小囊囊腔。肾小球内细胞核显著增多,仅含少量红细胞。肾小球囊腔狭窄,腔内有大量浆液和淡粉色絮状物。近曲小管上皮细胞颗粒变性、水泡变性、脂肪变性等。远曲小管内常见有透明管型、颗粒管型和细胞管型。间质毛细血管扩张、充血,中性粒细胞浸润,个别肾小管间有局灶性出血。

（2）慢性肾小球肾炎(图 9-2,彩图 9-2)　标本为马的肾脏。肾小球纤维化或透明变性,但程度不一,有的肾小球内细胞核已完全消失,有的则正在消失中。肾小球排列呈现相互靠近的密集现象。部分肾小球囊内见新月体形成,渗出物纤维化(←)。个别肾小球血管球本身已纤维化,肾小球囊壁因结缔组织增生而变厚,肾小球囊腔完全闭塞或不全闭塞。病变明显的肾小球附近肾小管继发萎缩,萎缩部的间质有明显的淋巴细胞浸润和结缔组织增生。还可见较为正常的残余肾单位呈现代偿性肥大,代偿部分肾小球体积增大,所属肾小管代偿性扩张,上皮细胞高柱状。

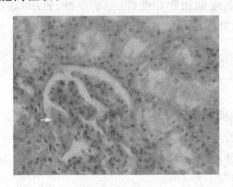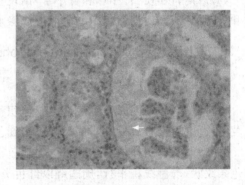

图 9-1　浆液性肾小球性肾炎(HE 20×)　　　　图 9-2　慢性肾小球性肾炎(HE 40×)

## 第二节　间质性肾炎与化脓性肾炎

### 一、实验目的

熟练掌握间质性肾炎与化脓性肾炎的病理学变化特点。

## 二、实验内容

大体标本：羊血源性化脓性肾炎、牛血源性化脓性肾炎、牛间质性肾炎（急性型）、马间质性肾炎（慢性型）。

组织切片：化脓性肾炎（牛）、间质性肾炎（马）。

## 三、实验标本观察

### （一）间质性肾炎（interstitial nephritis）

1.急性间质性肾炎（淋巴细胞性肾炎）眼观形态

（1）肾脏体积肿大，被膜紧张，容易剥落。表面灰白色或苍白色，往往有红色出血斑。

（2）切面湿润，皮质部增厚，呈灰白色乃至灰白黄色，有时可见红色的线条；皮质结构景象不清，髓质呈瘀血状态。

（3）局灶性的间质性肾炎，肾脏肿大不如弥漫性明显，表面呈紫红与灰黄色相交的斑纹或小结状。

2.急性间质性肾炎（淋巴细胞性肾炎）组织学形态

（1）在肾小球囊、肾小管及血管周围的间质及结缔组织内有多数圆形细胞浸润，主要是淋巴细胞、巨噬细胞，混有浆细胞以及少量嗜中性粒细胞。

（2）病灶周围血管可见充血和出血，尤以皮质部为显著。

（3）初期肾小球及肾小管不呈现明显变化。

（4）后期肾实质（肾小球和肾小管）出现萎缩或上皮细胞颗粒变性、脂肪变性；肾小球纤维化和玻璃样变；间质结缔组织增生而形成瘢痕组织；肾小管管腔狭窄，上皮细胞萎缩。

### （二）化脓性肾炎（suppurative nephritis）

1.血源性化脓性肾炎眼观形态

（1）两侧肾脏常同时发生病变。肾体积稍肿大，被膜易剥离，肾表面可见有多数稍隆起的灰黄色或乳白色圆形小脓肿，周边围以暗红色炎性反应带。

（2）切面上有同样的小脓肿较均匀地散在皮质部，髓质部脓肿灶较稀少。髓质内病灶多呈灰色条纹状，与髓线相平行，周边绕以红色炎性反应带。

2.血源性化脓性肾炎组织学形态

（1）在肾小球毛细血管内、间质小血管内及肾小管（多为直部小管和集合小管）内见有由细菌团块形成的栓塞，其周围有大量嗜中性粒细胞浸润。

（2）细胞浸润部肾组织发生坏死和脓性溶解，形成小脓肿，其周围组织充血、出血、水肿及细胞浸润。

### （三）大体标本观察

（1）化脓性肾炎Ⅰ　此标本是羊的肾脏，是由脐带炎继发的血源性化脓性肾炎。肾体积肿大，表面有许多灰白色化脓灶（脓肿），脓肿的边缘有的较整齐，有的呈锯齿状，其大小也不等。

有些小脓肿呈孤立存在,有些则聚集成簇状。脓肿周围均有明显的充血、出血,在切面上可见到同样的脓肿。

(2)化脓性肾炎Ⅱ　标本为牛的血源性化脓性肾炎。眼观肾脏体积肿大,肾表面散在多数黄白色小点,小点呈粟粒大至黄豆粒大不等,稍隆起于肾脏表面。多数脓肿周围有暗红色充血、出血带,切面上有同样黄白色小脓肿,主要发生于皮质。

(3)间质性肾炎(急性型)　标本为牛肾脏,肾体积肿大,被膜紧张。肾脏表面平滑,表面及切面皮质部散在多数灰白色或灰黄色针尖大至米粒大点状病灶,个别区域病灶相互融合成榛实大或更大的灰白色斑,有油脂样光泽(即白斑肾)。

(4)间质性肾炎(慢性型)　标本为慢性马传染性贫血病的马肾脏。病变部结缔组织增生形成明显瘢痕组织,肾脏质地硬实,体积缩小,表面不平坦,呈地图样凹陷斑,色泽呈灰白色,被膜增厚。切面皮质变薄,增生的结缔组织呈灰白色条纹状。

### (四)组织切片观察

(1)化脓性肾炎(图9-3)　标本为大体标本牛的血源性化脓性肾炎的切片。可见有些肾小球内无结构蓝染絮状物,为在血管球血管内形成细菌性栓子,引起肾小球化脓。标本中还见有数处局灶性化脓性坏死灶(☆),肾小球及肾小管间毛细血管因化脓形成栓塞,栓塞周围组织(肾小球及肾小管)发生脓性坏死溶解,使该部肾小球及肾小管结构消失。

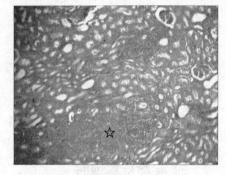

图9-3　化脓性肾炎(HE 10×)

(2)间质性肾炎(慢性期)　标本为大体标本马的慢性型间质性肾炎组织切片。肾小管之间和血管外的间质内结缔组织增生明显,形成胶原纤维束,小动脉外膜明显增厚。肾小球体积缩小,个别发生纤维化和透明变性。肾小球囊壁因结缔组织增生而显肥厚。肾小管上皮细胞萎缩,部分肾小管上皮细胞发生颗粒变性或脂肪变性。肾小管周围因细胞浸润和结缔组织增生而受压,导致管腔狭窄,上皮细胞变为立方形或扁平形。

# 第十章　造血和淋巴系统病理

造血和淋巴系统标本(骨髓、脾脏和淋巴结)观察方法

(1)健康成年家畜长骨骨髓呈黄色(黄骨髓),观察时应注意骨髓的色泽、质地有无改变,骨皮质有无增厚及破坏。

(2)观察患病动物脾脏及淋巴结大体标本时,应注意脾脏或淋巴结体积大小,被膜是否光滑,与脾脏或淋巴结实质细胞有无粘连或增厚,切面颜色及结构有无改变。如发现病灶则应观察病灶的数量、大小、分布、色泽、质地,以及有无纤维组织增生等。

## 第一节　淋巴结炎

### 一、实验目的

熟练掌握淋巴结炎的类型及其各类型病理学变化特征。

### 二、实验内容

大体标本:出血性淋巴结炎(猪)、增生性淋巴结炎(牛)、化脓性淋巴结炎(马)。
组织切片:亚急性淋巴结炎、出血性淋巴结炎、化脓性淋巴结炎。

### 三、实验标本观察

#### (一)急性淋巴结炎(acute lymphadenitis)

1.单纯性淋巴结炎

(1)眼观形态　可见淋巴结肿大,柔软潮红,切面膨隆,湿润多汁,呈灰白色或淡红色。后期可见淋巴小结肿胀呈颗粒状。

(2)组织学形态　可见小血管扩张充血,淋巴窦扩张,窦内有多数增生和脱落的网状内皮细胞、嗜中性粒细胞、淋巴细胞和少数红细胞。后期可见淋巴小结增生,体积增大,生发中心明显扩张,髓索变粗。

2.化脓性淋巴结炎

(1)眼观形态　初期呈单纯性淋巴结炎变化,淋巴结肿大、潮红,切面见黄白色化脓灶。之后在淋巴窦内充满脓球,出现化脓性浸润和形成脓肿,大脓肿周边形成脓肿膜,脓液水分被吸收,成为干酪样物质。

(2)组织学形态　淋巴窦内充满大量中性粒细胞,浸润细胞变性、坏死和崩解,局部组织坏死溶解,形成化脓灶。发生脓性溶解时,淋巴细胞和网状内皮细胞变性坏死。

3.出血性淋巴结炎

(1)眼观形态　伴有明显出血现象的单纯性淋巴结炎,淋巴结肿胀呈暗红色或黑红色,有

凝血样光泽。由于淋巴窦出血和淋巴组织的增生反应,使得切面呈现一种红色与灰白色相间的大理石样外观,如出血严重时,整个淋巴结很像一个小的血肿。

(2)组织学形态 可见到一般急性炎症反应,淋巴组织显著充血和出血,淋巴细胞间散在有红细胞,特别是淋巴窦内出现大量红细胞。

### (二)慢性淋巴结炎(chronic lymphadenitis)

1.增生性淋巴结炎(productive lymphadenitis)

(1)眼观形态 淋巴结肿大,质地硬实,灰白色,切面隆起,呈细颗粒状。结核和鼻疽的增生性淋巴结炎时,眼观淋巴结肿大硬实,切面呈灰白色,油脂样。

(2)组织学形态 淋巴小结肿大,生发中心明显,淋巴小结与髓索以及淋巴窦之间的界限消失。网状内皮细胞增生、肿大变圆。慢性传染病时,淋巴结可纤维性硬化。

结核和鼻疽的增生性淋巴结炎时,除淋巴细胞与网状内皮细胞增生外,上皮样细胞大量增殖。上皮样细胞体积较大,椭圆形或不规则。

2.纤维性淋巴结炎(fibrous lymphadenitis)

(1)眼观形态 淋巴结较正常小,质地变硬,表面不平,切面干燥,灰白色,固有结构不清。

(2)组织学形态 被膜和小梁结缔组织、血管壁外膜结缔组织增生,增生结缔组织可转变成胶原纤维致血管硬化,淋巴结可变成纤维性结缔组织小体,进一步可发生透明变性。

### (三)大体标本观察

(1)出血性淋巴结炎 标本为猪瘟病猪的肠系膜淋巴结。可见淋巴结体积肿大,表面呈暗红色,切面灰白色、膨隆湿润,呈脑髓样外观。淋巴结的边缘部呈暗红色出血。

(2)增生性淋巴结炎 标本为牛结核的淋巴结炎。淋巴结肿大硬实,切面呈灰白色,有油脂样光泽。

(3)化脓性淋巴结炎 标本为马腺疫颌下淋巴结。淋巴结肿大,透明,被膜下或切面上可见有黄白色大小不等的化脓灶。

### (四)组织切片观察

(1)单纯性淋巴结炎(图10-1) 组织学见小血管扩张充血(↓),淋巴窦扩张,窦内有多数增生和脱落的网状内皮细胞(←)、嗜中性粒细胞、淋巴细胞和少数红细胞。

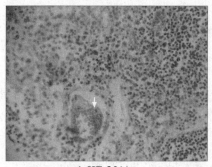
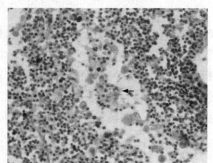

A.HE 20×        B.HE 20×

**图10-1 亚急性淋巴结炎**

(2)亚急性淋巴结炎　淋巴结内血管扩张充血(以皮质部较为明显),淋巴小结及髓索增生肿大,导致淋巴小结之间的境界不明显。皮质淋巴窦和髓质淋巴窦显著扩张,其中有浆液纤维素性渗出物,还可见中性粒细胞和巨噬细胞。巨噬细胞体积较大,胞核椭圆形,胞浆丰富,个别巨噬细胞处于变性坏死状态。淋巴窦内皮细胞肿胀和脱落(图 10-1)。

(3)出血性淋巴结炎　镜下可见淋巴组织显著充血和出血,淋巴细胞间散在红细胞,特别是淋巴窦内出现大量红细胞(参见图 1-7)。

(4)化脓性淋巴结炎　淋巴窦内充满大量中性粒细胞,其中大部分中性粒细胞发生变性、坏死和崩解。局部组织发生坏死溶解,形成化脓灶(脓肿),淋巴细胞和网状内皮细胞发生变性坏死,但网状纤维却较好地保存着。

# 第二节　脾　炎

## 一、实验目的

熟练掌握脾炎的类型及其各类型病理变化特点。

## 二、实验内容

大体标本:急性脾炎(马)、慢性脾炎(细胞性脾炎)(猪)。
组织切片:急性出血性脾炎(马)。

## 三、实验标本观察

### (一)急性脾炎(acute splenitis)

1.眼观形态

(1)脾脏因充血和细胞增生而肿大(较正常大 2～3 倍),被膜紧张,边缘钝圆,质地软。

(2)切面隆起,切面呈灰白色或红色,实质高度充血,不能认出滤泡,小梁不清。用刀背轻刮切面,见附有多量的呈粥状的软化脾髓。

2.组织学形态

(1)脾髓显著充血,表现为静脉窦扩张和充满红细胞,髓索中也充满血液,脾小体几乎完全消失。

(2)因浆液渗出,网状髓索呈浮肿状疏松,髓索网眼中及静脉窦内可见细胞浸润,但以滤泡周围表现细胞浸润最为明显。

(3)髓索网状细胞及静脉窦内皮细胞显著肿大,脱落,转化为游走的巨噬细胞。

(4)支持组织见不同程度破坏,被膜、小梁和血管壁的胶原纤维、弹力纤维和平滑肌肿胀、溶解、着色力弱,纤维排列疏松,重者纤维崩解呈颗粒状。

### (二)慢性脾炎(chronic splenitis)

1.细胞增生性脾炎

眼观形态:脾脏稍肿或不肿大,边缘钝圆,表面平坦或有颗粒感,质地硬实;切面稍隆起,见半球状凸起(白髓),灰白色有透明感。

组织学形态:网状细胞和淋巴细胞明显增生。网状细胞增生、肿大脱落形成具有吞噬能力的圆形细胞,散布在脾索和脾小体内;淋巴细胞增生使脾小体增大,生发中心明显。

鼻疽和结核病时,见特殊性肉芽组织增生,即上皮样细胞和巨细胞出现。

**2.纤维性脾炎**

眼观形态:脾脏体积缩小,表面颗粒状或富有皱纹,青灰色,质地坚硬;切面平坦或凹陷,淡红色,干燥含血量少。被膜增厚,小梁增粗,红髓和白髓缩小而不易认出。

组织学形态:脾小体显著缩小,甚至消失;红髓中细胞成分和血液减少;被膜增厚,小梁增粗,结缔组织增多,可见玻璃样变。

### (三)化脓性脾炎(suppurative splenitis)

眼观形态:可见到大小不等的脓肿病灶,或呈现弥漫性化脓性炎。脓肿破裂(穿孔)时易伴有腹膜炎发生。有的脓肿最后可形成瘢痕或被钙化。

在溃疡性心内膜炎、马腺疫、犊牛脐带感染和鼻疽等时可引起转移性化脓性脾炎。

组织学形态:脾脏红髓内可见化脓灶,周围见大量嗜中性粒细胞浸润。

### (四)大体标本观察

(1)急性脾炎 标本为患急性马传染性贫血的脾脏。脾脏体积高度肿大,约为正常脾脏3～4倍,被膜紧张,边缘钝圆。表面呈暗红紫色,切面显著膨隆外翻,呈暗红色大颗粒状,并流出大量暗红褐色絮状物和血液,为脾高度充血及红髓增生的表现。切面淋巴滤泡及小梁均不清楚,实质柔软,新鲜时用刀背擦过切面,则擦下多量暗红色粥状物(红髓及血液)。

(2)慢性脾炎(细胞性脾炎) 标本为猪的脾脏。脾脏明显肿大,边缘稍钝,表面呈灰白色,不平坦,见均匀颗粒状。切面膨隆,在呈灰白红色的切面上有多数粟粒大呈半球状隆起,此隆起为淋巴滤泡因显著增生而致体积增大,因此眼观能清楚认出,同时红髓增生,但不如滤泡增生显著。

图10-2 急性出血性脾炎 (HE 5×)

### (五)组织切片观察

急性出血性脾炎:切片为马传染性贫血脾脏,显微镜下可见脾脏固有结构模糊不清,完全为血细胞取代,脾小梁结构疏松。参见图10-2。

# 第十一章　神经系统病理

## 神经系统标本（脑）观察方法

### 1.大体标本观察方法

先观察软脑膜血管有无充血,蛛网膜下腔有无出血、是否蓄积过多液体或脓液,两侧大脑半球是否对称,脑回有无增宽或变窄,脑沟有无变浅或变深。

切取一片脑组织或做脑的切面,观察有无出血,侧脑室有无扩张,脑室腔面是否光滑,再仔细观察切面有无软化灶。若发现有占位性病变或局限性病灶,则应注意测量大小,准确描述外观、质地、颜色、有无出血,以及与脑组织的关系等。

### 2.组织切片观察方法

眼观切片上有无淡染或深染区等。镜下观察蛛网膜下腔及软脑膜血管等有无改变,脑神经细胞有无变性、坏死、出血,血管周隙是否增宽,血管周围是否有淋巴细胞浸润。如发现局限性病灶则应仔细观察该处特点,确定病变性质。

## 第一节　非化脓性脑炎

### 一、实验目的

熟练掌握非化脓性脑炎的病理形态学特征。

### 二、实验内容

大体标本:非化脓性脑炎(马)。
组织切片:非化脓性脑炎(马)。

### 三、实验标本观察

#### (一)病变观察要点

1.眼观形态

(1)软脑膜充血,脑膜下有少量水肿液,脑质稍软化,脑回略展平,脑膜下和脑质内偶见少量小出血点。

(2)脑室液增多,脉络丛充血。

2.组织学形态

(1)毛细血管和微血管周围的间隙增宽,在血管周围常有细胞浸润,有的形成较宽的"血管套"。若有红细胞渗出时,可见有"环状出血"。

（2）神经元呈现变质性变化。神经细胞体急性肿胀，轴突增粗，胞浆内有脂肪滴或水滴，尼氏小体溶解消失，胞浆着色不清，神经元纤维肿胀增粗或碎裂以至消失。

（3）神经胶质细胞呈弥漫性或结节性增生，有时可见噬神经细胞现象或卫星现象。神经细胞消失后可由胶质纤维增生形成胶质瘢痕。

## （二）大体标本观察

非化脓性脑炎：标本为马传染性脑脊髓炎（或马流行性脑炎）的大脑半球。脑皮质表面沟回部血管显著充血，呈树枝状。表面及切面呈现微带红色的灰白色。脑实质的质地柔软。剖开颅腔及脊髓腔流出较多水样液体（脑积水）。

## （三）组织切片观察

非化脓性脑炎（图 11-1，彩图 11-1）：为上述眼观非化脓性脑炎标本的切片。小血管普遍扩张充血，尤以脑膜下血管明显。靠近脑膜部脑组织间隙中见多量散在红细胞（出血）。血管内血液中白细胞数量增多，个别血管内充满白细胞。毛细血管内皮细胞肿胀。许多血管壁周围可见明显的淋巴细胞样细胞浸润，形成典型的血管套（→）。神经性细胞体及细胞突肿大，有些细胞浆内出现微细小空泡，大多数胞体形态不完整，边缘呈崩解状态。细胞核增大，占据胞体大部分，有些细胞核轮廓已不清。在坏死神经组织部有神经胶质细胞积聚，形成所谓神经胶质结节（←），个别增生的神经胶质细胞团有呈蓝色颗粒状无结构的坏死。切片中还可见到"卫星现象"（↓）和"噬神经现象"。

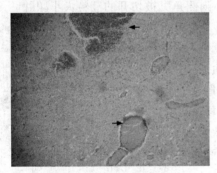
A.HE 20×

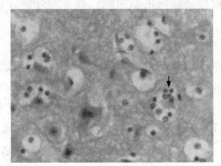
B.HE 40×

图 11-1　非化脓性脑炎

# 第二节　化脓性脑炎

## 一、实验目的

熟练掌握化脓性脑炎的病理学变化特征。

## 二、实验内容

大体标本：化脓性脑炎（猪）。

组织切片:化脓性脑炎(猪)。

## 三、实验标本观察

### (一)病变观察要点

1.眼观形态

(1)多为局灶性发生。最初为黄色乃至红色斑点,之后发生化脓性溶解,形成黄色乃至绿色脓肿。

(2)脓肿周围有炎性水肿,导致脑软化而塌陷。

(3)时间久的脓肿,周围形成灰白色致密而坚固的囊壁。

(4)若脓肿较小,可见有水分被吸收及钙盐沉着而呈灰白石灰样。

2.组织学形态

与其他器官的脓肿所见无任何区别。包囊也是由肉芽组织增殖形成的。

### (二)大体标本观察

化脓性脑炎:标本为猪败血型链球菌病的仔猪大脑。蛛网膜及软脑膜内血管均高度充血,散在有出血点或出血斑。整个大脑皮质的质地较软,右侧桥脑显著膨出肿大,柔软。切开可见该部为脓肿,约乒乓球大小,中央为淡黄绿色脓汁,脓汁多围以不均一的带状淡红灰色包囊,最外层为被排挤膨出的脑组织。脓肿的外侧方,小脑侧角见被切开的豆粒大小脓肿。

### (三)组织切片观察

化脓性脑炎(图 11-2,彩图 11-2):软脑膜血管充血,管腔内可见血栓(→)。血管内皮细胞增生、肿胀、变性、坏死并脱落。血管内膜下组织纤维素性样变,血管连同其周围组织变为均质,无结构的红染块状物质(←),血管周围见多量中性粒细胞、单核细胞及淋巴细胞浸润。

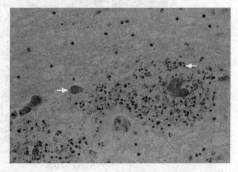

图 11-2　化脓性脑炎(HE 10×)

# 第十二章　代谢病及中毒病病理

## 第一节　白　肌　病

### 一、实验目的

认识并掌握白肌病的病理变化特征。

### 二、实验内容

大体标本：骨骼肌营养不良坏死（仔猪白肌病、雏鸭白肌病）、心肌营养不良和坏死（仔猪白肌病、雏鸭白肌病）、肌胃营养不良和坏死（雏鸭白肌病）。

组织切片：骨骼肌坏死（仔猪白肌病）、肌胃坏死及钙盐沉着（雏鸭白肌病）。

### 三、实验标本观察

#### (一)病变观察要点

1.眼观形态

(1)骨骼肌和心肌变性、坏死，间质增生。骨骼肌变化最明显部位为臀部、肩胛部、胸背部、咬肌及舌肌。双侧对称发生。轻者肌肉色变淡，湿润，有水肿光泽。重者肌肉中有条纹状或斑块状的浑浊、干燥、灰白色或土黄色病灶。

(2)心肌的变化与骨骼肌相同。

2.组织学形态

(1)轻者肌纤维纹理不清或消失，呈微细颗粒状；进而肌纤维膨胀增粗，相邻肌纤维互相融合，纤维界限消失，肌细胞核染色变淡，出现微细空泡，核数目逐渐减少至完全消失，肌组织呈伊红淡染均质状（透明变性）。

(2)重者在透明变性的肌纤维间散在肌纤维崩解的碎块或成片坏死，坏死部血管扩张充血乃至出血。

(3)慢性经过时，血管附近有巨噬细胞、嗜中性粒细胞和淋巴细胞浸润，并见成纤维细胞增生。

#### (二)大体标本观察

(1)骨骼肌营养不良和坏死（雏鸭白肌病）　标本是缺硒实验鸭大腿。大腿前侧、内侧见斑块状和片状、条纹状出血。出血之间和其周围有灰白稍带黄色、条状或斑块状骨骼肌坏死，大腿前部尤为明显,坏死部均质而混浊。

(2)骨骼肌营养不良和坏死(仔猪白肌病) 标本为仔猪后肢股部肌肉。几乎所有肌肉颜色均变淡,灰白红色,肌肉断面在灰白粉红色肌肉中有许多局灶性的呈白色均质而有透明光泽的部分,此为蜡样坏死的肌组织,其余各部肌肉均处于营养不良状态。

(3)心肌营养不良和坏死(仔猪白肌病) 标本为仔猪心脏。心脏的外形由于右心显著扩张而变形,即心尖向右移。心外膜静脉血管扩张充血,心肌呈白色与淡红褐色相间,其中呈灰白色的心肌为发生坏死的肌肉。

(4)心肌营养不良和坏死(雏鸭白肌病) 心脏表面普遍呈灰色,仔细观察可见呈白色条纹状部分,即为坏死的肌组织,其余心肌皆处于显著营养不良和坏死。

(5)肌胃营养不良和坏死(雏鸭白肌病) 在正常情况下,肌胃为紫红色,有光泽。此标本肌胃呈白色,切面粗糙,呈斑纹状,是因为肌胃的所有平滑肌都发生高度营养不良和坏死。经过组织学检查已证明此标本除营养不良和坏死外,尚有钙盐沉着。

### (三)组织切片观察

(1)骨骼肌坏死(仔猪白肌病) 标本是患白肌病仔猪。低倍镜观察见肌纤维排列零乱,大部分肌纤维横纹消失,呈均质玻璃状,部分区域呈不规则块状,肌纤维之间距离显著增大,充满结缔组织。高倍镜观察,一些肌纤维被伊红染成均质透明状,个别区域较多断裂成块状,这些肌纤维的核仅有少数残存。间质部分普遍充满幼稚的结缔组织细胞。参见图 12-1。

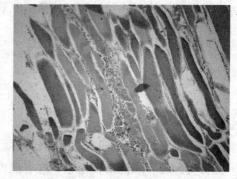

图 12-1　骨骼肌坏死(HE 20×)

(2)肌胃坏死及钙盐沉着(雏鸭白肌病) 标本是患白肌病雏鸭肌胃(砂囊)。低倍镜观察见组织结构不清楚,肌层着色深淡不均,此为肌纤维变性乃至坏死的表现。在淡染部有多处无结构的絮状蓝染病灶,此絮状或颗粒状蓝染物质是在坏死的基础上形成的钙盐沉着。在制片过程中曾用硫酸进行处理,结果呈现结晶,证明是钙盐沉着。

# 第二节　纤维性骨营养不良

## 一、实验目的

了解纤维性骨营养不良的病理学变化特征。

## 二、实验内容

大体标本:纤维性骨营养不良(马)。

## 三、实验标本观察

### (一)病变观察要点

1.眼观形态

(1)全身各部骨骼呈现骨质疏松、肿胀和变形,各关节关节液增量及关节面损伤,甲状旁腺肿大。

(2)最显著变化见于头骨,以头盖骨和下颌骨为明显,其次为肋骨,其他各部骨骼也可发生变化。

(3)骨呈疏松多孔的海绵状,肿胀、柔软、易断裂。

(4)下颌骨的齿槽缘显著膨大。

2.组织学形态

(1)钙质沿哈氏管管腔分布。管腔内的血管扩张充血,有时出血。

(2)以哈氏管为中心,其周围骨板呈纤维状,骨板变薄。

(3)哈氏管内血管周围大量结缔组织增生置换骨组织。在增生的结缔组织和骨层板交接处,见有破骨细胞。

### (二)大体标本观察

纤维性骨营养不良:标本为马的管骨。骨体重量较轻,表面粗糙不平并多孔,呈海绵状,由骨的断面可以看出骨密质部变薄而骨松质骨增多,骨髓腔内增大。

# 第十三章　病毒性传染病病理

## 第一节　猪　瘟

### 一、实验目的

熟练掌握猪瘟的类型及其各类型的病理学变化特点。

### 二、实验内容

大体标本:猪瘟大肠滤泡肿、猪瘟肠滤泡溃疡、猪瘟肠扣状肿、猪肾脏出血。
组织切片:猪脾脏出血性梗死、猪纤维素性坏死性肠炎(固膜性肠炎)。

### 三、实验标本观察

#### (一)眼观病变观察要点

1.败血型猪瘟病变要点

(1)皮肤、黏膜、浆膜和实质器官均见有出血点或出血斑。

(2)消化道、呼吸道及泌尿系统的黏膜,特别是喉头黏膜、会厌黏膜、膀胱黏膜、输尿管和肾盂黏膜的出血发生率较高,具有证病意义。

(3)皮肤出血见于颈部、腹部、腹股沟部和四肢内侧皮肤。出血点可融合为出血斑。

(4)体腔(胸腔、腹腔、心包腔)浆膜、各器官被膜下和实质内均见有小出血点。

(5)肾脏、肠系膜和心内外膜常密布出血点,呈喷洒状。在骨质和骨髓内可见出血点。

(6)全身各处淋巴结都发生急性出血性炎,以颌下、咽背、颈下、胃旁、肾旁、腹股沟及肠系膜等淋巴结变化尤为明显。

(7)有时可见非化脓性脑炎变化。

2.胸型猪瘟病变要点

(1)以巴氏杆菌继发感染猪瘟多见,具有一定程度的败血型猪瘟的病理学变化。

(2)特征性病变为纤维素性坏死性肺炎、纤维素性胸膜炎和纤维素性心包炎变化。气管及支气管黏膜见出血点。

3.肠型猪瘟病变要点

(1)多见于沙门氏杆菌、猪霍乱杆菌或副伤寒杆菌继发感染的猪瘟,具有一定程度的败血型猪瘟病理学变化。

(2)特征性病变为在回肠末端、盲肠和结肠可见局灶性或弥漫性纤维素性坏死性肠炎变化(即扣状肿)。

4. 混合型猪瘟病变要点

同时兼有胸型和肠型猪瘟的变化。

## (二)组织切片观察要点

(1)血管病理组织学变化 淋巴结、脾脏、皮肤和肾脏等组织的小血管(毛细血管、小动脉和小静脉)内皮细胞发生肿胀增生、变性坏死和脱落,管壁水肿、膨胀,嗜酸性均质化(透明变性和纤维素样坏死)。血管腔狭窄或闭塞,常伴有血栓形成。

(2)淋巴结病理组织学变化 淋巴滤泡内淋巴细胞坏死崩解、数量显著减少。网状内皮细胞增生,滤泡中见较多巨噬细胞。皮质窦和小梁周围窦显著扩张,充满红细胞。

(3)脾脏病理组织学变化 中央动脉管壁透明变性和纤维素样坏死,管腔狭窄或闭塞并伴有血栓形成,局部脾组织凝固性坏死和出血(出血性梗死)。

(4)脑病理组织学变化 部分病例表现出非化脓性脑炎的病理组织学变化。

## (三)大体标本观察

(1)猪瘟大肠滤泡肿 标本为猪的结肠。肠黏膜原为淡红色,经长期固定现变为灰白色。在黏膜表面可见多数黄豆粒大或稍小些的、呈半球状隆起于黏膜表面的滤泡(孤立滤泡),其顶端普遍呈脐状凹陷,肿胀滤泡表面无明显变化,滤泡肿为大肠黏膜初期变化。

(2)猪瘟肠滤泡溃疡(图 13-1) 标本为猪的部分大结肠。肠黏膜孤立滤泡肿胀,呈半球状隆起,滤泡肿胀较前述标本大。滤泡的顶端见最明显的坏死和凹陷,有些坏死形成痂覆于凹陷的表面,有些则形成较深溃疡,表面覆盖有碎屑状坏死物质,边缘堤状隆起(→)。

(3)猪瘟肠扣状肿 标本为猪的部分盲肠,在黏膜面有一个约桃核大小的病灶,即扣状肿,病灶表面覆盖有同心轮层的痂,痂的周边呈堤状显著隆起于黏膜表面。

图 13-1　猪瘟肠滤泡溃疡(大体标本)

(4)肾出血 标本为患猪瘟病猪肾脏。肾脏表面和切面均可见明显的点状出血,以肾皮质最为显著,多数呈针头大乃至帽针头大小。

## (四)组织切片观察

(1)脾脏出血性梗死 标本为猪脾脏。镜下见梗死灶外围有严重的出血及大量含铁血黄素沉着。梗死灶内及梗死区附近的脾小体中央动脉及其分枝血管的内皮细胞肿胀,管壁均质红染且增厚,致血管内腔狭小或闭塞。

(2)纤维素性坏死性肠炎(固膜性肠炎) 标本为猪大肠切片。低倍镜观察肠黏膜全貌,标本两端黏膜结构能够认出,中间部分黏膜结构模糊,着色弱。高倍镜观察中间部位的黏膜,见到该部位已丧失黏膜的固有结构,代之以大量渗出物和坏死崩解组织的凝结物,黏膜下的孤立淋巴滤泡也呈坏死崩解状态,在坏死组织下面见炎性反应带(参见图 4-6)。

# 第二节　马传染性贫血

## 一、实验目的

认识和了解马传染性贫血病时各器官的病理学变化特征。

## 二、实验内容

大体标本:急性脾炎、慢性马传染性贫血脾脏、急性马传染性贫血肝脏。

组织切片:实质性肝炎、慢性马传染性贫血肝脏、慢性马传染性贫血脾脏。

## 三、实验标本观察

1.病变观察要点

(1)急性型马传贫　病马败血症变化显著,出血见于各部浆膜和黏膜、四肢与胸腹部皮下结缔组织、全身骨骼肌、外周神经、体腔、脾脏、肝脏、肾脏、肾上腺、膀胱、胃肠道、心脏、肺脏、脑、骨。

(2)亚急性型马传贫　具有急性型的败血症变化。也可见贫血和黄疸现象。

(3)慢性型马传贫　网状内皮系统增生和铁代谢障碍。

2.大体标本观察

(1)急性脾炎　标本为患急性马传染性贫血病马的脾脏。脾脏体积高度肿大,为正常脾的3～4倍,被膜紧张,边缘钝圆。表面呈灰白暗红紫色,切面显著膨隆外翻,可见暗红色大颗粒状突起,并流出大量暗红褐色絮状物和血液,此为脾高度充血及红髓增生的表现。切面淋巴滤泡及小梁均不清楚,实质柔软,新鲜时用刀背擦过切面,则擦下多量暗红色粥状物(红髓及血液)。参见图13-2。

图13-2　急性脾炎(大体标本)

(2)急性出血性脾炎　标本为急性马传染性贫血时脾脏。脾的体积高度肿大,被膜紧张,硬度增加,表面呈铁青色颗粒状,切面膨隆,呈弥漫性暗黑红色(新鲜时由切口流出多量血液)。组织结构模糊不清并柔软脆弱。

(3)慢性马传染性贫血脾脏　脾脏体积比正常缩小,被膜呈皱纹状,增厚。被膜下有浸润状及小丘状出血点。切面含血量特别少,呈淡红色,脾小梁明显,滤泡不明显。切面上见数个暗红色、米粒大出血灶。

(4)急性马传染性贫血肝脏　表现为肝脏体积高度肿大,切面膨隆,黄褐色,小叶结构较清楚,其间嵌有条状或暗红色凹陷(肝小叶中心)。

此标本的变化性质为肝实质颗粒性营养不良和脂肪营养不良,肝脏体积肿胀,伴有肝瘀血,小叶中心暗红色。因含铁血黄素沉着而显有褐色。

(5)慢性马传染性贫血肝脏　肝脏体积接近正常,切面较平坦呈灰褐色,小叶象特别明显,即小叶周围因淋巴细胞样细胞浸润而呈灰色,中心部呈褐红色。

3.组织切片观察

(1)实质性肝炎　标本为急性马传染性贫血病马的肝脏,其病理组织学变化已于炎症时观察过。中央静脉及窦状隙扩张充血,其中含有吞噬铁色素的组织细胞。星细胞肿胀,其胞浆内也含有铁色素。小叶间质内有炎性细胞浸润,表明机体内铁色素代谢发生异常和网状内皮细胞增生,除少部分呈岛屿状的较为正常的肝细胞外,其他肝细胞均不同程度地发生颗粒变性、脂肪变性以及坏死等变化。参见图 8-3。

(2)慢性马传染性贫血肝　低倍镜观察标本全貌,可见小叶间门管区较明显,肝小叶结构较清楚。小叶间血管的周围及肝索之间均有明显炎性细胞浸润,并有数处细胞密集呈巢状。高倍镜观察可见呈轻度颗粒性变性和脂肪变性,细胞轮廓较完整,窦状隙稍扩张,其中见有吞噬铁血黄素的组织细胞及不含铁色素的淋巴细胞样细胞,门管区血管扩张,胶原纤维增生(间质增宽),胶原纤维中散在有淋巴细胞样细胞,表明不仅小叶间结缔组织增生,小叶周边部的结缔组织也发生增生。浸润细胞集团位于小叶内或小叶边缘上,该部肝实质细胞消失,被密集的淋巴细胞样细胞所代替。

(3)慢性马传染性贫血脾　与脾脏体积显著萎缩相关联的组织学变化,即脾小梁由于结缔组织增生而增粗和数量增多(正常情况下很微细的小梁因增生变粗,因此在视野内小梁数量增多),被膜增厚,白髓滤泡缩小,窦状隙内含血量特别少,红髓中充满淋巴细胞样细胞,脾内含铁血黄素含量少。

(4)急性出血性脾炎　标本为急性马传染性贫血时脾脏,脾脏固有结构模糊不清,完全为血细胞取代,显微镜下脾脏组织为一片"血海"。脾小梁结构疏松。参见图 10-2。

# 第三节　狂　犬　病

## 一、实验目的

熟练掌握狂犬病的病理学变化特征。

## 二、实验内容

大体标本:犬口腔创伤。
组织切片:狂犬病神经细胞包涵体。

## 三、实验标本观察

### (一)病变观察要点

主要病变发生在中枢神经系统和外周神经系统。

1.眼观形态

硬脑膜紧张,脑回略变平,软脑膜水肿,脑质充血柔软,有时有多数出血点。

2.组织学形态

（1）可见到非化脓性脑炎变化（即血管套现象、噬神经细胞现象、神经胶质结节等），脑炎的部位以海马角和延髓明显。

（2）在中枢神经系统神经节细胞原生质内可见有特异性的包涵体，即奈格利（negri）氏小体（均质嗜酸性，呈圆形或椭圆形，大小不一，1个至数个不等），以海马角最常见且数量最多，其次为延脑和皮层。椎间交感神经节及迷走神经节的变化基本与脑的变化相同。

### （二）大体标本观察

犬口腔创：此标本为患狂犬病的犬头部，在唇部有创伤，牙齿已脱落，这是因为该犬精神失常，狂躁不安，遇物乱咬所造成。

### （三）组织切片观察

狂犬病神经细胞包涵体（图13-3，彩图13-3）：首先用低倍镜找到大神经细胞，然后用高倍镜在神经细胞原生质内找出鲜红色的颗粒，此颗粒呈圆形、椭圆形或梨子形，即为狂犬病病毒形成的包涵体（→）。神经元细胞胞体肿大，呈圆形，胞核肿大并偏于一侧。此外，显微镜下可见有不同程度的非化脓性脑炎表现，如神经细胞变性和噬神经细胞现象、卫星现象、血管套现象、胶质细胞增生和形成胶质结节等。

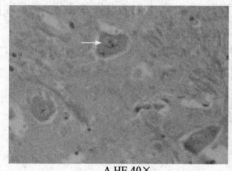 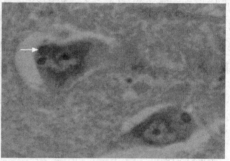

A.HE 40×　　　　　　　　　　　　　　B.HE 20×

图13-3　狂犬病

# 第四节　鸡白血病

## 一、实验目的

熟练掌握鸡白血病的类型及其各类型的病理学变化特征。

## 二、实验内容

大体标本：鸡白血病性肉瘤病肝脏、火鸡白血病肝脏、鸡白血病脾脏。

组织切片：鸡肝脏淋巴细胞性白血病、鸡成髓细胞性白血病。

### 三、实验标本观察

#### (一)病变观察要点

1. 鸡淋巴细胞性白血病

(1)眼观形态

肝脏:结节型见粟粒大到鸡卵大圆形肿块,单个或多个分布在表面及实质内,表面结节呈半球状或扁平状突出肝脏表面。颗粒型见大量粟粒大肿瘤,均匀散布于肝实质内。弥漫型为肝脏体积显著肿大(为正常肝脏 6~10 倍),黄褐色或黄白色,质脆易碎。

脾脏:显著肿胀(为正常脾脏 2~3 倍)。表面见灰白色结节型肿瘤病灶,呈半球状突出,有时表现为弥漫型,脾脏切面膨隆,白髓增生。

肾脏:肿大 2~3 倍,黄褐色,表面及切面上见大小不等灰白色脂肪样圆形肿块,有时见颗粒状病灶散布于肾脏实质内(颗粒型)。

法氏囊:肿大,约蚕豆大,质硬,切面皱褶呈灰白色脂肪样增厚。

(2)组织学形态

肝脏:多中心的淋巴细胞瘤病灶,周围组织萎缩或消失,病灶周围结缔组织增生。肿瘤细胞为成淋巴细胞,以未成熟大型成淋巴细胞居多,细胞形态和大小基本一致。细胞核圆形或椭圆形,淡染,空泡状,1~2 个伊红着染的核仁,胞浆为弱嗜碱性,胞膜模糊不清。病灶中见有核分裂象和细胞坏死的核崩解颗粒。

脾脏:除见肿瘤病灶外,淋巴滤泡增生肿大。

法氏囊:滤泡皮质和髓质结构消失,成淋巴细胞增生,有明显细胞核分裂象。

2. 成红细胞性白血病

(1)眼观形态

增生型:肝脏和脾脏显著肿大,肾脏肿大程度较轻。器官呈樱桃红色,骨髓增生,质地柔软或成水样并常出血。

贫血型:内脏器官(肝脏和脾脏)萎缩,骨髓苍白胶冻样,骨髓间隙增大。

(2)组织学形态　肝脏、肾脏和骨髓的毛细血管内见成红细胞系中各个阶段的细胞。

3. 成髓细胞性白血病

病理变化与成红细胞性白血病相似,贫血,各实质器官肿大,肝脏见弥漫性灰白色肿瘤大小结节。骨髓坚实,灰红色或灰白色。严重病例肝脏、脾脏和肾脏中见有弥漫性灰白色肿瘤组织浸润,器官外观呈斑驳状或颗粒状。血涂片中见成髓细胞大量增加。

4. 骨髓细胞瘤病

肿瘤病变可见于胸部、跗骨部、肋骨和肋软骨连接部、下颌骨、鼻孔软骨和颅骨扁平骨等部位。骨髓细胞瘤黄白色、柔软、似干酪、质脆,弥漫状或结节状,常两侧对称。实质器官中,恶性增生的骨髓细胞大量浸润。

### (二)大体标本观察

(1)鸡白血病性肉瘤病Ⅰ　标本为鸡的全部胸腹腔脏器。标本中以肝脏变化最为突出,肝脏体积高度肿大,占体腔绝大部分,表面及切面均有灰黄色大小不等的瘤状物。瘤状物的切面呈脂肪外观。脾肿大,肠壁稍显肥厚。

(2)鸡白血病性肉瘤病Ⅱ　此标本的变化与上述标本的肝基本相同,唯此标本的瘤状物小而散在,呈半球状隆起。

(3)火鸡淋巴细胞性白血病肝脏　为整个火鸡标本,肝脏肿大明显,充满整个腹腔。

(4)鸡淋巴细胞性白血病脾脏　体积明显肿大,切面见白色瘤样病灶分布。

### (三)组织切片观察

(1)淋巴细胞性白血病肝脏和肺脏　镜下见肿瘤细胞为成淋巴细胞,以未成熟的大型成淋巴细胞居多,细胞的形态和大小基本一致,为处于同一分化成熟期,细胞核呈圆形或椭圆形,淡染,空泡状,染色质呈网状或细颗粒状,见1~2个伊红着染的核仁,胞浆为弱嗜碱性,胞膜多模糊不清。参见图13-4和图13-5。

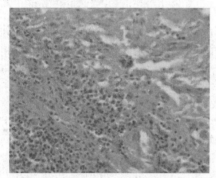
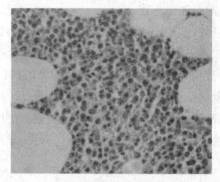

图 13-4　鸡淋巴细胞性白血病肝脏(HE 10×)　　图 13-5　鸡淋巴细胞性白血病肺脏(HE 40×)

(2)成髓细胞性白血病肝脏(图 13-6)　镜下肝细胞索结构基本消失,多数肝细胞结构模糊不清。肝细胞之间及门管区散在有大量红细胞。肝细胞之间可见到髓样细胞(→),以及浸润的淋巴细胞(↑)。

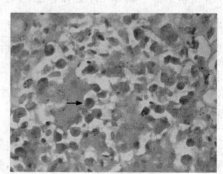

A.HE 10×　　　　　　　　　　　　　　　　B.HE 40×

图 13-6　成髓细胞性白血病

# 第五节 鸡马立克氏病

## 一、实验目的

熟练掌握马立克氏病的类型及其病理学变化特征。

## 二、实验内容

大体标本:马立克氏病肺脏、马立克氏病心脏、马立克氏病肌胃、马立克氏病肝脏、马立可氏病卵巢、马立克氏病腺胃与肠道、马立克氏病皮肤。

组织切片:马立克氏病肝脏、马立克氏病肺脏、马立克氏病心脏、马立可氏病卵巢。

## 三、实验标本观察

### (一)病变观察要点

1.眼观形态

(1)神经型 最常见于腰荐神经丛、臂神经丛、坐骨神经丛、颈迷走神经、腰腹迷走神经和肋间神经。病变局限性或弥漫性增粗(可达正常2～3倍),半透明水肿样,色变淡,呈灰色或略带黄红色,横纹消失。病变多为单侧性,对称性者少见。

(2)内脏型 最常见于卵巢、肾脏、肝脏和脾脏。病变器官肿大,可比正常增大数倍。器官颜色变淡,可见有灰白色的肿瘤组织弥漫浸润或形成黄白色奶油样突起结节,数量不等。此外,常在心肌、胸肌有结节性肿瘤。腔上囊常发生萎缩。

(3)眼型 虹膜呈环状或斑点状淡灰色,浑浊(灰眼),瞳孔边缘不整齐,严重时瞳孔变为针尖大小孔。

(4)皮肤型 皮肤上可见半球状隆起小结节,结节以羽毛为中心或散在于羽毛之间。有时在皮肤上可见到较大的肿瘤结节或硬结。

2.组织学形态

肿瘤细胞为网状-淋巴细胞(或称淋巴细胞样细胞)增生浸润。增生浸润的细胞形态多样,包括大、中、小型淋巴细胞,浆细胞,网状细胞及马立克氏病细胞,马立克氏病的肿瘤由多形态的细胞组成。

### (二)大体标本观察

(1)马立克氏病鸡内脏 标本为患鸡腹腔剖开所见的内脏。肝脏、脾脏、心脏、肾脏、卵巢等均肿大并形成突起的瘤状物。

(2)马立克氏病肺脏 肺脏表面可见多个黄白色奶油样瘤状物。

(3)马立克氏病心脏 心脏表面有数个肿瘤结节。

(4)马立克氏病肌胃　肌胃切面有白色条纹或斑块,此为瘤细胞浸润。

(5)马立克氏病肝脏　肝脏体积增大,表面见黄白色圆形坏死灶(图13-7)。

(6)马立克氏病腺胃与肠道　腺胃变厚且坚实,黏膜面上见有大小不等的肿瘤病灶。肠壁增厚,肠道浆膜表面可见凸起、白色、大小不等的肿瘤病灶(图13-7)。

(7)马立克氏病皮肤　以羽毛囊为中心呈半球状隆起。

(8)马立克氏病卵巢　卵巢一端见有大的硬而黄的分叶菜花状肿瘤。

(9)马立克氏病肿大臂神经丛　见臂神经丛呈现不对称性肿大,对比明显(图13-8)。

(10)马立克氏病虹膜　虹膜呈环状或斑点状褪色,呈淡灰色,浑浊(灰眼)(图13-9)。

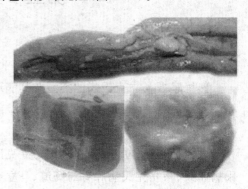

图13-7　鸡马立克氏病腺胃、
肠道和肝脏（HE 40×）

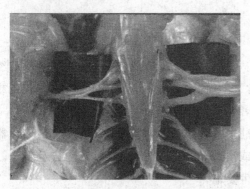

图13-8　马立克氏病肿大臂神经丛(大体标本)

图13-9　马立克氏病虹膜(大体标本)

## (三)组织切片观察

(1)马立克氏病肝脏　标本仅可见少量残余肝细胞,此肝细胞也已发生萎缩、变性及坏死。多形态瘤细胞在肝实质内增殖,形成密集的浸润集团(图13-10)。

(2)马立克氏病肺脏　显微镜下可见肺泡间隔及支气管周围形成弥漫性或散在的大小不等、深浅不一的肿瘤细胞的浸润灶(图13-11)。

(3)马立克氏病心脏　镜下见心肌组织大部分消失,代之以多形态的密集肿瘤细胞群(图13-12)。

(4)马立克氏病卵巢　镜下可见未成熟卵巢的皮质和髓质内有局灶性或弥漫性网状细胞和淋巴细胞增生浸润,严重者初级卵泡完全为多形态的淋巴细胞代替(图13-13)。

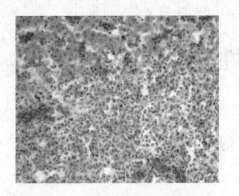

图 13-10　马立克氏病肝脏(HE 10×)

图 13-11　马立克氏病肺脏(HE 10×)

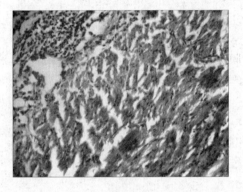

图 13-12　马立克氏病心脏(HE 10×)

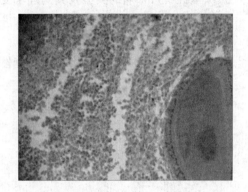

图 13-13　马立克氏病卵巢(HE 10×)

# 第十四章　细菌性传染病病理

## 第一节　猪　丹　毒

### 一、实验目的

熟练掌握猪丹毒病的类型及其病理学变化特征。

### 二、实验内容

大体标本:猪丹毒皮肤传染性疹块、疣性心内膜炎。

### 三、实验标本观察

#### (一)败血型(急性型)猪丹毒

**1.眼观形态**

(1)全身性败血症变化。

(2)在颈部、耳根部、下腹部、胸部及四肢内侧以及其他皮肤较薄部位,可见不规则红色斑块(丹毒性红斑),颜色鲜红,无明显界限,病程长者红斑部位坏死、结痂。

(3)急性淋巴结炎或急性出血性淋巴结炎、急性脾炎、卡他性炎或出血性卡他性炎。

**2.组织学形态**

(1)皮肤(特别是乳头层)的微血管显著扩张。

(2)皮肤及皮下结缔组织有浆液性水肿,以致出血,细胞反应微弱,最后上皮层细胞坏死和脱落。

#### (二)疹块型(亚急性型)猪丹毒

**1.眼观形态**

(1)皮肤上可见到特征性疹块。主要在胸侧、背部、后肢外侧及颈部,甚至在全身皮肤上出现方形、菱形或不规则形的疹块,有的呈一致鲜红色或暗红色,有的中间色淡,而周边保留红色,或者呈现红色与白色相互交替的同心轮层状,略突起于身体表面。后期疹块部位坏死,形成黑色痂。

(2)可见一定程度的败血型猪丹毒的变化,即全身性败血症变化。

**2.组织学形态**

疹块部皮肤的局限性浆液性炎,皮肤水肿,真皮乳头层血管显著充血,细胞反应轻微。皮肤各层细胞变性,表皮细胞呈现水泡变性和坏死,继而形成肉眼可见的水泡。水泡破裂后液体流出,形成干固黑褐色痂。

### (三)慢性型猪丹毒

(1)皮肤坏死　多发生在耳、背部、肩部及尾部,有时整个背部皮肤坏死,即疹块部皮肤坏死,呈坚硬的黑色痂,若结痂脱落,该部形成大面积坚硬瘢痕组织,有时可见到部分耳壳或尾脱落。组织学检查,见病变部位胶原纤维显著膨胀,出血。微血管极度扩张,血管中有红细胞或血浆凝结的小颗粒状物,部分血管收缩空虚。

(2)心内膜炎　主要发生于二尖瓣(其次是主动脉瓣、三尖瓣和肺动脉瓣)的对向血流一侧,可见数量不等的灰白色血栓性增生物,表面高低不一,呈菜花样,基底部因肉芽组织机化牢固地附着于瓣膜上(疣性心内膜炎)。

(3)关节炎　多发生于跗关节及四肢的其他关节,关节腔内有浆液纤维素性渗出物,呈黄色或红色稍混浊。之后肉芽组织增生,渗出的纤维素机化,致关节囊呈纤维肥厚。

### (四)大体标本观察

(1)皮肤传染性疹块Ⅰ　在皮肤上有一块近似方形的紫色疹块,该部因充血和水肿而呈现轻度肿胀,疹块中央表层皮肤病变较周围为重,已接近坏死。参见图14-1。

(2)皮肤传染性疹块Ⅱ　标本变化与上述标本相似,唯疹块形状为圆形且较大。疹块由接近方形的暗红色充血区围成边缘,暗红色充血的外侧和内侧较周围的皮肤(淡红色)颜色淡,呈灰白色并呈轻度肿胀,疹块中心部呈暗红色,此同心轮层状外观的形成是由于充血和渗出(水肿),而水肿液被吸收后又出现充血,如此反复而形成的。

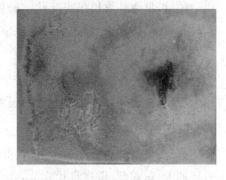

**图 14-1　猪丹毒皮肤疹块(大体标本)**

(3)疣性心内膜炎　标本为慢性猪丹毒病猪心脏。心脏右侧房室有已切开裂口,可见在透明的瓣膜上及瓣膜附近的心内膜上有乳黄色疣赘状物附着,疣状物占据右心室大部分使右心室变小,疣状物表面凸凹不平,并有即将脱落的碎块,此疣状物即由于心内膜(主要是瓣膜)发生炎症变化即内皮细胞和间质有变质性炎变化,同时有渗出性物质,因而形成血栓,更由于血栓逐渐增大而在内膜上形成较大的内容物。此标本的疣状物质地较硬,这是由于疣状物已被机化所致。参见图6-2。

# 第二节　猪巴氏杆菌病

## 一、实验目的

熟练掌握猪巴氏杆菌所致疾病的种类及其病理学变化特征。

## 二、实验内容

大体标本：支气管肺炎及间质水肿（猪）、纤维素性坏死性肺炎（猪）。

组织切片：纤维素性坏死性肺炎（猪）。

## 三、实验标本观察

1. 水肿型出血性败血病病变要点

(1)在头（下颌间隙）部、颈部、咽部及胸下部皮下与肌间结缔组织发生炎性水肿，其中以下颌间隙和咽喉部最为严重。

(2)各部浆膜、黏膜及内脏器官可见到多数出血点。实质器官（肝脏、肾脏、心脏）营养不良。

(3)淋巴结急性肿胀。

2. 胸型出血性败血病病变要点

(1)主要为纤维素性肺炎变化，以红色肝样变期较明显，一般见不到灰色肝样变期。

(2)常继发浆液性纤维素性胸膜炎和心包炎，致胸腔和心包腔积液，胸膜和心外膜附有黄白色纤维素性薄膜或绒毛。

(3)可见急性淋巴结炎变化。肺门淋巴结高度肿胀和出血，且常见坏死灶。

(4)在幼龄家畜（犊牛、仔猪、羔羊）表现为浆液细胞性支气管肺炎。

3. 肠型出血性败血病病变要点

(1)主要发生于1～2岁的幼龄牛。

(2)为卡他性肠炎或出血性肠炎变化。

4. 大体标本观察

(1)支气管肺炎及间质水肿　标本为猪的肺脏。肺切面大部分肺泡清楚，各肺小叶内有许多粟粒大、灰白色、散在点状病灶，点状病灶中央见针尖大小管腔，即细支气管。此外，肺脏小叶象特别明显，各小叶间的间质显著增宽，均质灰白色，并有透明感的胶冻状索带，此为间质水肿。此多发性支气管炎及间质水肿多见于仔猪，或猪出血性败血病的初期变化。当病程进一步恶化时则转变为纤维素性肺炎。

(2)纤维素性坏死性肺炎 I　标本为猪出血性败血病肺脏的典型变化。肺脏切面普遍黑红色，除少数肺泡尚能认出外，其他部结构变得致密而硬实，即纤维素性肺炎红色肝样变期。在红色肝样变的基础上又有多数粟粒大至米粒大的灰白色小点散在（坏死灶），部分相邻近坏死灶融合形成较大坏死灶。间质增宽并有小孔出现，为间质水肿和淋巴管炎（淋巴栓和淋巴瘀滞）。在较大的支气管内有灰白色凝结物，为支气管炎的渗出物。肺胸膜表面覆盖有纤维性薄膜，呈片状附着于胸膜上（纤维素性胸膜炎）。

(3)纤维素性坏死性肺炎 II　标本为猪的整个肺脏。肺脏绝大部分为化脓坏死，表面（胸膜面）呈白色凹凸不平，特别硬实，间质瘀血水肿。由切面可以看出肺组织质地脆弱，而且有大小不等和形状不定的空洞，表明此标本处于坏死和脓性溶解阶段（未固定时，由切口流出脓液)。胸膜呈现明显的纤维素性胸膜炎,胸膜上附有灰白色纤维素性絮状物,易剥离。

5.组织切片观察

纤维素坏死性肺炎:标本为上述纤维素性坏死性肺炎的组织切片,低倍镜下可见肺泡内充满炎性渗出物(纤维素、炎性细胞、红细胞)。蓝色深染区域炎性细胞渗出数量较多,而染色较淡的区域细胞结构不清晰,且大部分呈坏死崩解状态。高倍镜观察该部位可见到有嗜中性粒细胞,大部分渗出的炎性细胞崩解、坏死乃至溶解,此即为化脓坏死部。此外,细支气管上皮细胞已脱落,管腔内有炎性渗出物和脱落上皮细胞。参见图14-2。

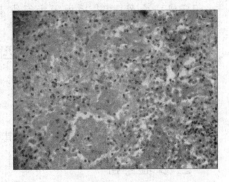

图 14-2　纤维素性坏死性肺炎(HE 10×)

# 第三节　禽　霍　乱

## 一、实验目的

熟练掌握禽巴氏杆菌病的种类及其病理学变化特征。

## 二、实验内容

大体标本:纤维素性胸膜炎。

## 三、实验标本观察

1.急性型禽霍乱病变要点

主要呈现全身性败血病现象。

2.亚急性型禽霍乱病变要点

(1)可见纤维素性肺炎(充血期及红色肝样变期),气管和支气管黏膜充血和点状出血,多发性纤维素性浆膜炎(胸膜炎、心包炎、腹膜炎)等变化。

(2)肝脏除见有弥漫性混浊肿胀及脂肪变性外,还常见有局灶性坏死和肉芽肿,表现为粟粒大灰白色或混浊带黄色的点状病灶。

(3)可见急性卡他性腺胃炎或出血性肠炎变化。

3.慢性型禽霍乱病变要点

(1)可见纤维素性肺炎(充血期及红色肝样变期),浆液纤维素性胸膜炎并可波及卵巢。

(2)在多数器官(肝脏、肺脏、皮下结缔组织、肠道、脾脏和心内膜下)可见到凝固性坏死灶,坏死灶大小不等、质地较硬、黄白色干酪样(干酪样坏死)。

(3)可见纤维素性坏死性关节炎和腱鞘炎,关节腔内有干酪样或化脓性软化坏死物。

4.大体标本观察

纤维素性胸膜炎:标本为鸭出血性败血病的肺脏。肺脏胸膜面呈暗红灰色,质地硬实,表面附有灰白色纤维素絮块(胸膜炎),切面呈暗红色,致密(纤维素性肺炎红色肝样变期)。肺脏在固定液中自然下沉,也提示为纤维素性肺炎肝变期。

# 第四节  沙门氏菌病

## 一、实验目的

熟练掌握沙门氏菌病的种类及其病理学变化特征。

## 二、实验内容

大体标本:纤维素性坏死性肠炎(犊牛)、肝脏副伤寒结节(犊牛)、纤维素性坏死性肠炎(猪结肠和盲肠)、纤维素性坏死性肠炎(猪大结肠)、弥漫性纤维素性坏死性肠炎(猪大肠)、肝脏副伤寒结节(猪肝脏)。

组织切片:纤维素性坏死性肠炎(猪)、肝脏副伤寒性坏死性结节(猪)。

## 三、实验标本观察

### (一)犊牛副伤寒

1.特别急性型病变要点

呈现典型的败血症现象。

2.急性型病变要点

(1)急性卡他性肠炎  主要发生于小肠,有时见于真胃。较大的犊牛可见纤维素性或纤维素性坏死性肠炎。病理组织学变化:真胃和小肠黏膜固有层血管扩张充血、水肿,巨噬细胞、淋巴细胞和浆细胞浸润,黏膜上皮细胞变性脱落,淋巴滤泡内网状细胞增生活化。

(2)急性脾炎病理  脾脏显著肿胀,可达正常2~3倍,呈樱桃红色或黑红色,被膜紧张,边缘钝圆。被膜下可见粟粒大鲜红色出血点。切面膨隆,结构模糊不清,自切口流出多量血液,切面上可认出微小的灰白色病灶。病理组织学变化:红髓扩张充满血液(充血性肿胀)。淋巴小结缩小,淋巴细胞减少,网状细胞肿大和增生,脾髓中见副伤寒结节或坏死灶。

(3)肝脏表面及切面  可见到数量不等的粟粒大或针尖大小黄色点状病灶,用放大镜才能清晰认出。病理组织学变化:眼观小黄点为凝固性坏死灶,发生于肝小叶内(副伤寒结节),静脉窦内皮细胞肿胀,星细胞增生活化。

3.慢性型病变要点

(1)眼观变化为卡他性肺炎的病理学变化。组织学变化为,肺脏实质呈卡他性肺炎变化,肺泡壁毛细血管充血,肺泡腔内充满浆液性渗出物,其中混有数量不等的中性粒细胞和少量纤维素,部分肺脏组织呈化脓性溶解。支气管黏膜上皮排列不整,部分脱落,腔内充满炎性渗出物。间质水肿、增宽。

(2)急性脾炎病理变化。组织学变化同上述急性型。

(3)在肝脏表面及切面可见到与急性型类似的黄色小点状病灶,组织学检查为肉芽肿变化,称为副伤寒结节。

(4)关节常见化脓性或浆液纤维素性关节炎。关节囊肿大,关节腔及腱鞘中有脓性或浆液纤维素性渗出物。

4.大体标本观察

(1)纤维素性坏死性肠炎　标本为犊牛的小肠。可见小肠黏膜表面覆盖淡黄色物质,混有少量血液(固定后变为黑色)。黏膜下淋巴滤泡肿胀,呈半球状或堤状向肠腔隆起。

(2)犊牛副伤寒固膜性肠炎　标本为慢性副伤寒犊牛结肠。肠黏膜表面覆盖污灰色糠麸样膜状物,为渗出的纤维素和坏死的黏膜凝结而成。肠黏膜表面可见浅表性溃疡。

5.组织切片观察

肝脏副伤寒结节(犊牛):低倍镜见肝小叶及血管周围见大量炎性细胞浸润。高倍镜见肝小叶内浸润细胞主要为淋巴细胞样细胞和少数上皮样细胞,其中有个别残存的坏死肝细胞,肝细胞索间见有少量细胞浸润。小叶周边(间质部)细胞多为淋巴细胞样细胞和少量结缔组织细胞。静脉管内膜及管腔内也有同样细胞存在(静脉内膜炎)。

## (二)猪副伤寒

1.急性猪副伤寒

(1)眼观形态

①尸体皮肤发绀(腹部和耳根部明显)。

②出血性素质,各部浆膜、黏膜、各器官被膜及淋巴结有点状出血。

③急性淋巴结炎、急性脾炎、卡他性肠炎。肝脏瘀血肿大,肝脏实质内见多数帽针头大黄白色小结节。肺脏瘀血水肿,有时见卡他性肺炎,常伴发浆液纤维素性心包炎和胸膜炎。肾脏和心外膜(主要在冠状沟脂肪组织)见出血点。

(2)组织学形态

①脾脏白髓和小梁结构不清。切面见淡灰白色,针尖大到帽针头大小结节。

②肝小叶内小结节有3种类型,肝脏实质的局灶性凝固性坏死、增生性副伤寒结节(肉芽肿)、渗出性结节。肝脏中央静脉及小叶间静脉的内膜见内皮细胞增生(副伤寒性静脉内膜炎)。增生内皮细胞渐进性坏死可继发血栓形成。

③肠道淋巴滤泡内巨噬细胞增生,自滤泡中心坏死,波及表面黏膜呈现脐状凹陷。

2.慢性型猪副伤寒

(1)眼观形态

①可见回肠末端和大肠的局灶性或弥漫性纤维素性坏死性炎。

②肠系膜淋巴管及肠壁淋巴管显著增粗,呈混浊灰白色条索状。

(2)组织学形态

①淋巴管壁有显著的炎性细胞浸润。

②肠系膜淋巴结呈急性淋巴结炎变化,长期病例淋巴结内见黄色、干酪样小坏死灶。

3.大体标本观察

(1)纤维素性坏死性肠炎Ⅰ　标本为猪结肠和盲肠,在肠黏膜上有黄豆粒大小的圆形病灶,病灶与其周围黏膜在同一平面或稍凹陷,表面整体较平坦,中央部呈白色并显粗糙,此为仔猪副伤寒时大肠典型变化(局灶性纤维素性坏死性肠炎)。病灶以孤立淋巴滤泡为中心向周围扩展,中心部呈白色者为坏死明显部位,表面可形成痂。

(2)纤维素性坏死性肠炎Ⅱ 标本为猪部分大结肠壁,黏膜上见数处较大病灶,病灶表面覆盖有黏膜坏死组织与纤维素性渗出物凝结成的痂,呈灰黄色粗糙,痂边缘与其周围黏膜相平,个别区域痂脱落后留下溃疡并显露出堤状边缘,病灶呈圆形或椭圆形。由横切断面可见黏膜层呈灰白色粗糙硬实状(钙化)。

(3)弥漫性纤维素性坏死性肠炎 标本是猪大肠。黏膜普遍被覆以褐色干燥的痂,部分痂脱落,遗留浅表溃疡,肠壁增厚,质地硬而脆弱。

(4)肝脏副伤寒结节 标本为猪肝脏。肝脏间质增生,小叶明显,观察肝小叶可见在许多红褐色的肝小叶内散在灰白色针尖大小的白点,不易认出,此小白点为副伤寒结节。

4.组织切片观察

(1)纤维素性坏死性肠炎 低倍镜下可见黏膜和黏膜下层结构模糊,黏膜表面呈红色丝网状,仅个别肠腺尚保持原有结构轮廓,已分辨不清黏膜上皮细胞和黏膜固有层。黏膜下层结构模糊,血管扩张,管腔内充满红色纤维状网及少数红细胞、白细胞。有些血管壁边缘呈蓝色,肌膜及浆膜下血管也呈现同样变化。肌膜结构较完整,在肌膜与下层交界处见有条索状蓝染分界线。高倍镜观察,可见黏膜普遍坏死崩解,其中残存的个别肠腺和细胞不完整,黏膜内尚可见到呈蓝红色细条和有分枝的小管腔,为扩张毛细淋巴管。黏膜固有层及其他层内的血管扩张,其中红细胞已大部分溶解,管内充满纤维素凝结成的网。黏膜与肌层之间有呈蓝色云絮状或微颗粒状带(炎性反应带)。标本的纤维素性坏死性炎深达肌膜。黏膜下层内及其与肌膜交界部,个别血管壁呈絮状蓝色者为钙盐沉着,这些钙盐沉着是因炎症而引起的细胞浸润(分界性炎),其后分界性炎的细胞坏死崩解,继而有钙盐沉着(图14-3)。

(2)猪肝脏副伤寒性坏死结节(图14-4) 低倍镜下可见肝小叶结构非常清楚。小叶间结缔组织轻度增生,胞核较多。肝小叶中央静脉及窦状隙扩张瘀血。在一些小叶内有近似圆形的淡染病灶,与周围肝组织界限不清,即副伤寒坏死灶(→)。高倍观察此病灶,可见其中肝细胞坏死崩解呈网状,其中含有的嗜中性粒细胞、残余肝细胞胞核和红细胞胞核多不完整,多呈淡染空泡状,少数细胞核处于浓缩或崩解状态。

图14-3 纤维素性坏死性肠炎(HE 10×)

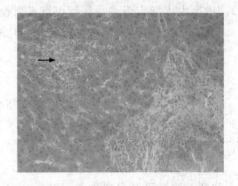

图14-4 猪肝脏副伤寒坏死结节(HE 20×)

# 第五节　结　核　病

## 一、实验目的

熟练掌握结核病的类型及其病变特征。

## 二、实验内容

大体标本：肺与膈、心包粘连(结核性胸膜炎)(牛)、结核性小叶性-大叶性肺炎(牛)、结核性小叶性肺炎(牛)、粟粒性肺结核(猴)、肺结核结节(猪)、淋巴结结核(牛支气管淋巴结)、淋巴结结核(牛肠系膜淋巴结)、乳房结核(牛)、肾脏结核(牛)、肝脏结核(猪)、肠结核(鸡)、子宫结核(牛)、大网膜珍珠病(牛)。

组织切片：肝结核、淋巴结结核、肺增生性结核结节、腋窝淋巴结结核(人)。

## 三、实验标本观察

### (一)病变观察要点

1.眼观形态

(1)渗出为主的病变表现为肺脏、浆膜、滑膜、脑膜等处浆液性或浆液纤维素性炎。

(2)增生为主的病变表现为病变处可见粟粒大小、灰白色、半透明的结节,微隆起于器官表面。

(3)坏死为主的病变表现为干酪样坏死。

2.组织学形态

(1)病变组织内见特征性结核结节,即由上皮样细胞、郎罕氏多核巨细胞及外周局部聚集的淋巴细胞和少量成纤维细胞构成。

(2)渗出物发生大片干酪样坏死,周围缺乏或仅有微弱的结核性肉芽组织。

(3)渗出物及巨噬细胞内可见结核杆菌。

### (二)大体标本观察

(1)肺与膈、心包粘连(牛结核性胸膜炎)　肺脏、膈肌以及心包浆膜上见多量珍珠样结核结节,结节之间有半透明的丝样物,牵引不易断裂,此为结核病纤维素性渗出物被机化,并进而使肺脏与膈肌以及心包浆膜形成粘连。在肺脏浆膜面上有许多结节相互连接形成葡萄状外观,肺叶之间的空隙处也见葡萄状结核结节,结节切面呈灰黄色干酪样(干酪样坏死),肺脏切面上也见有灰黄色干酪化病灶。

(2)结核性小叶性-大叶性肺炎　标本为牛的肺脏。肺脏表面(浆膜)见多数隆起,即每个肺小叶均呈岛屿状隆起,导致小叶结构特别清楚,隆起部位较硬,指压不退缩,肺脏边缘呈现大锯齿状。上述小叶即为已干酪化的结核病灶。

(3)结核性小叶性肺炎　标本为牛的肺脏。观察肺脏切面可见许多大小不等的淡黄色致密的病灶,即为结核病干酪样坏死灶。病灶周围具有完整包囊。在结核病灶之间的组织呈白色透明感,肺泡结构消失,此为慢性结核时结核病灶周围组织发生炎症变化,坏死溶解后由增生的结缔组织取代。多数病灶内见白色、粗糙、似石灰样的变化,为钙化灶,此外尚见在数处结核病灶内形成空洞(图14-5)。

**图 14-5    肺脏结核空洞(大体标本)**

(4)粟粒性肺结核    标本为猴的整个胸腔(将胸骨及部分肋骨切除)。肺脏普遍充血,呈暗红色(固定后呈灰黑色)。在肺脏表面(肺胸膜下)及切面有多数高粱米粒大小结核结节,结节大小致密均匀,呈灰白色,位于胸膜的结节稍微隆起于胸膜表面。

(5)肺结核结节    标本为猪肺脏。在肺脏切面上有粟粒大结核结节散在,结节呈灰白色,较致密,此为渗出性结核结节。

(6)淋巴结结核    标本为牛的支气管淋巴结。切面上见有黑色的炭粉沉着,并有多数粟粒大至米粒大的结核结节,呈半球状隆起于切面。结节为米黄色,有透明感,其中多数结节的中心发生干酪样坏死,有些结节相互融合在一起,界限不清。

(7)淋巴结结核    为牛肠系膜淋巴结。切面可见淋巴结呈弥漫性炎(渗出性结核),其中有灰白色、放射状的干酪化病灶。

(8)乳房结核    标本为牛的乳房。乳房的固有结构不清晰,乳房切面上见有数处呈圆形、黄白色干酪样坏死灶,个别坏死灶钙化。坏死灶周围为弥漫性肉芽组织增生和透明变性。

(9)肾脏结核    为牛的肾脏。肾体积高度增大,在肾的切面上可见多处干酪样坏死灶,坏死灶多发生在髓质部,在皮质部亦能见到个别病灶。

(10)肝脏结核(图14-6)    标本为猪肝脏。肝脏切面见具有厚包膜的干酪样坏死(→),坏死灶周围为结缔组织形成的包囊,结缔组织成熟后发生透明变性,呈白色。

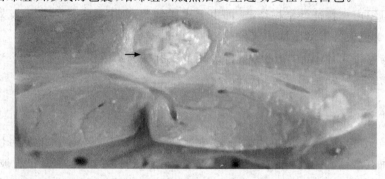

**图 14-6    肝脏结核(大体标本)**

(11)肠结核    标本为鸡的整个内脏。在肠壁上见有米粒大小结节,肠浆膜呈半球状隆起,因肠系膜珍珠病致肠管相互粘连。由肠壁横断面可见肠壁显著肥厚,管腔狭窄,在肠壁内有干酪样坏死(结核结节)。

(12)子宫结核    标本为牛的子宫。在子宫壁的切面上呈局灶性结核结节,大小不等,结节中央干酪样坏死。多数子宫壁的黏膜面散在有干酪化病灶。

（13）大网膜珍珠病　标本为牛肋胸膜。肋胸膜表面见大量纤维素绒毛,绒毛表面见有球状结节,呈层状排列,个别区域可见多个相邻结节聚集成葡萄状。

### （三）组织切片观察

（1）肝脏结核（图14-7）　低倍镜观察可见有中心为坏死灶并且病灶周围有完整包膜的结节,结节周边的肝细胞排列比较零乱,体积缩小,在结节周边还见有数个由于淋巴瘀滞而形成的囊泡。用高倍镜观察前述结核结节,结核结节的形态构造大致可分4层,由中心向外依次为中央呈蓝紫色构造不清楚部分为坏死物,稍外层淡粉色区为上皮样细胞层（→）,其次圆形细胞较多的地方（即蓝染处）为淋巴细胞层（←）,最外边的淡粉色层为结缔组织性包囊（★）。虽然分为4层,但每层都相互交错存在,并不能截然分开。右下角为结节中上皮样细胞的放大图（→）。

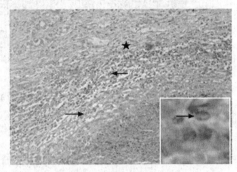

图14-7　肝脏结核（HE 10×）

（2）淋巴结结核　低倍镜观察时可见有大量炭粉沉着,标本呈弥漫淡粉色,构造不清楚,该部即为干酪样坏死灶。其间可见到一些淋巴细胞,其中上皮样细胞由于互相排列致密,因此单个细胞形态不清晰。坏死部周边有体积特别大,其中心呈淡粉色,周围一圈蓝点的多核巨细胞,高倍镜观察此巨细胞,可见细胞内有许多细胞核,环列于原生质边缘,核大小与散在的上皮样细胞的核大小相似。

（3）肺增生性结核结节　低倍镜观察可见到多数肺脏组织结构辨认不清,变成较致密的病灶,此即为结核病灶,病灶由大量细胞所组成,其中散在有较多的多核巨细胞。仔细观察这些病灶,是由多数密集的结节联合在一起而形成的,由于相互连接紧密,结节界限不清楚。少数结节中心无结构部分为结节中心的干酪样坏死。此外,个别结节中心呈颗粒状蓝染,蓝染周边为坏死部,此蓝染部为结节中心坏死后钙盐沉着。结核病灶内尚残留有部分未被破坏的细支气管。

选定较为清楚的结节用高倍镜观察,可见到结节中心细胞结构完全消失,其周围细胞可见有明显的核浓缩及崩解变化,此为坏死部。坏死部周围是上皮样细胞层,核淡染而透明,呈圆形或椭圆形,较淋巴细胞的核大且原生质色淡,形状不规则。在上皮样细胞层内有多核巨细胞,巨细胞的体积形态很多不一致,椭圆形或圆形,其特点为细胞体积大且多数细胞核环列于巨细胞的周边,一个巨细胞以5～10个胞核者为多。淋巴细胞核排列不一致（与制片时切片部位和方向有关）。上皮样细胞层的外周则混有少量淋巴细胞和成纤维细胞。病灶中很少看到血管,此为增生性结节的特点之一。仅能看到个别较大的血管,此血管为组织血管残余,并非新形成的,而且这些血管管壁的平滑肌已破坏崩解,肌纤维不明显。

（4）腋窝淋巴结结核（人）（图14-8,彩图14-8）　镜下可见标本中心大面积均质红染部分为干酪样坏死病灶,周边有较多的郎罕氏多核巨细胞（→）和少量上皮样细胞。

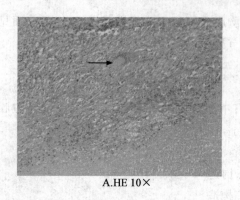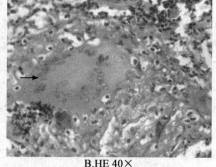

A.HE 10×　　　　　　　　　　　　　　B.HE 40×

图 14-8　腋窝淋巴结结核

# 第六节　副结核病

## 一、实验目的

了解并掌握副结核病的病理学变化特征。

## 二、实验内容

大体标本：牛副结核性肠炎。

组织切片：牛副结核性肠炎、卡他性增生性肠炎。

## 三、实验标本观察

1. 病变观察要点

(1)肠管变粗，硬度类似食管。

(2)肠壁显著增厚，坚实变硬，增厚可达 5～20 倍，重者几乎使肠道闭塞。

(3)黏膜形成纵向皱褶，状如脑回。

(4)黏膜极度苍白。

(5)上述变化以空肠和回肠部表现最明显，盲肠与结肠也呈现与回肠部相似的病变。

2. 大体标本观察

牛副结核性肠炎(卡他性增生性肠炎)：标本为牛回肠段。纵向剖开，将黏膜层翻转向外，可见黏膜壁显著增厚，有密集的纵向皱褶(图 14-9)。

3. 组织切片观察

(1)卡他性增生性肠炎(图 14-10)　此标本已于黏液变性时观察过。标本为黏液染色法制成，可见黏膜层上皮内杯状细胞和肠腺细胞内的粉红色黏液及黏膜表面的黏液增多(→)，黏膜固有层内的肠腺周围有密集的淋巴细胞和上皮样细胞浸润，在黏膜下层内也有一定的淋巴细胞和上皮样细胞浸润。

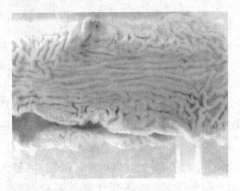

图 14-9 卡他性增生性肠炎(大体标本)

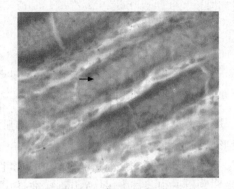

图 14-10 卡他性增生性肠炎
(黏液染色法)(HE 40×)

(2)牛副结核性肠炎(图 14-11,彩图 14-11) 标本为牛回肠段。低倍镜下见肠绒毛顶端的肠黏膜上皮细胞坏死明显,但肠绒毛结构尚存(☆)。黏膜固有层及黏膜下层内见有大量的淋巴细胞浸润,致使整个肠壁明显增厚。高倍镜下可见少量的上皮样细胞(→)。

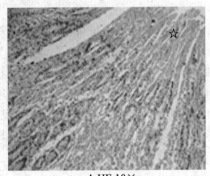

A.HE 10×

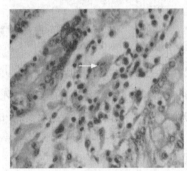

B.HE 40×

图 14-11 牛副结核性肠炎

# 第七节 鼻 疽

## 一、实验目的

了解并认识鼻疽的病理学变化特点。

## 二、实验内容

大体标本:鼻中隔膜溃疡(马)、鼻中隔黏膜溃疡及瘢痕形成(马)、支气管黏膜鼻疽性溃疡(马)、肺鼻疽(马)、脾鼻疽(马)、皮鼻疽(马)。

组织切片:肺鼻疽结节、鼻中隔鼻疽性溃疡。

### 三、实验标本观察

1.病变观察要点

(1)肺脏鼻疽

渗出性鼻疽结节形态要点:结节大小不一,灰白色,针尖大到豌豆大不等,中心灰黄色坏死灶,周围为炎性充血区。组织学检查,肺脏间质见数量不等中性粒细胞聚集,之后细胞崩解坏死形成坏死灶。

增生性结节形态要点:结节中心为黄白色坏死灶,周围是灰白色结缔组织包囊,结节大小不一,粟粒大到豌豆大,结节中央坏死灶可发生钙化。组织学检查,坏死灶可见钙盐沉着。病灶外围为上皮样细胞和多核巨细胞形成的特殊性肉芽组织,其外围为成纤维细胞、胶原纤维和血管构成的普通肉芽组织包囊,其间有淋巴细胞浸润。

(2)鼻疽性支气管肺炎  病灶暗红色,体积肿大,质硬,见散在的粟粒样或不正形黄白色坏死灶。支气管黏膜脓性卡他。组织学检查,肺泡壁毛细血管扩张充血,肺泡腔内充满浆液纤维素、白细胞和脱落上皮细胞。支气管壁充血、水肿和白细胞浸润。支气管上皮细胞变性、脱落和崩解。

(3)鼻腔鼻疽  鼻腔鼻疽见于鼻中隔。一侧或两侧发生。鼻疽溃疡可侵及软骨组织,导致鼻中隔穿孔。

(4)皮肤鼻疽  发生在皮肤浅层,表现为硬固结节状,可进一步形成溃疡。组织学检查,坏死溃疡部呈现鼻疽性炎特有的组织坏死,水肿和中性粒细胞浸润。

(5)淋巴结鼻疽  具有渗出性结节的特点。淋巴结肿大潮红,切面外翻多汁并可见灰黄色坏死灶。后期病灶变硬并与周围组织粘连。组织学可见淋巴结充血,有浆液纤维素渗出,嗜中性粒细胞浸润。

2.大体标本观察

(1)鼻中隔黏膜溃疡  标本为马的鼻中隔。在鼻中隔黏膜上见较多大小不等溃疡灶,病灶边缘隆起呈堤状,中央凹陷如火山口样外观,溃疡部覆有污秽内容物。溃疡深达黏膜固有层,其中最大的溃疡灶已深达软骨部,溃疡灶或为孤立散在,或与相邻接的溃疡灶融合在一起而形成较大溃疡灶。其中也有些粟粒大乃至米粒大的尚未形成溃疡的鼻疽结节。

(2)鼻中隔黏膜溃疡及瘢痕形成早期  标本为鼻疽病马的鼻中隔,病变期处于溃疡即将愈合以及部分已愈合的阶段,在一侧黏膜上可见有许多大小不等的溃疡灶,表面与上述(1)标本的溃疡灶所见不同,即溃疡灶边缘较完整,表面坏死物已解离排除,肉芽组织开始增生,有些溃疡灶已愈合形成瘢痕。鼻中隔鼻疽性溃疡愈合后所形成瘢痕的形态特点酷似严寒的玻璃上所结成的冰花,或呈放射状,标本的另一侧黏膜上溃疡病灶几乎已完全形成瘢痕。

(3)气管黏膜鼻疽性溃疡  气管黏膜表面见有许多小溃疡灶,形状与上述(2)标本的鼻中隔黏膜溃疡灶相似。其中大多数小溃疡灶均融合在一起,形成较大的弥漫性溃疡,表面覆有污秽坏死物。此外,在气管黏膜上见有两个指甲大的独立的火山口状溃疡灶,溃疡灶内坏死物大部被排出,肉芽组织增生,此为愈合初期。

(4)马肺鼻疽(有如下 4 个标本)

①渗出性肺鼻疽结节  标本切面呈暗红紫色。切面上有灰白色混浊不清的鼻疽结节,结

节的大小为粟粒大至黄豆粒大,结节与周边肺组织交错,两者间无包囊相隔。

②渗出性肺鼻疽结节  变化大致与第一个标本相同,唯结节多表现为许多粟粒大结节,排列密集,一些已融合在一起而成为较大的坏死灶。

③增生性鼻疽结节  肺脏切面见有许多鼻疽结节,结节中心为灰白色,干燥,呈干酪样坏死状外观,结节与肺脏组织之间有白色透明包囊。同时,可见标本切面上的气管周围及间质部都有结缔组织增生现象。

④弥漫渗出性肺脏鼻疽  肺脏切面上见到肺脏构造不清楚,普遍呈渗出性炎(充血、出血及浆液渗出等),其中有数个灰白色米粒大鼻疽结节。切面主要变化是有很大的坏死溶解空洞,这些空洞是由于溶解的坏死物通过与空洞相连的支气管排除而形成的。

(5)脾脏鼻疽  被膜表面可见有豆粒大白色鼻疽结节,结节切面上见较厚包囊,中央坏死内容物较干燥,内容物和包囊衔接比较结实,不易脱离,此为增生性鼻疽结节。

(6)皮肤鼻疽  标本为马的皮肤。在皮肤上有许多大小不等的溃疡灶,该部附近的被毛大部脱落,其中较大的溃疡灶边缘呈堤状并隆起于皮肤表面,溃疡面覆盖有污秽的坏死凝结物。皮下结缔组织弥漫性增生。

3.组织切片观察

(1)肺鼻疽结节  肺泡壁毛细血管轻度充血及细胞浸润,部分毛细血管破裂并呈现出血状态,在切片的中央部有一块蓝色的细胞集团,此为鼻疽结节,高倍镜观察此鼻疽结节,可见结节中心部的细胞核多呈崩解状态。观察结节内的细胞情况,在结节边缘部可见上皮样细胞及淋巴细胞,越靠近结节中心的细胞越不清楚,是因为细胞的坏死是由结节中心开始的。

(2)肺鼻疽结节  低倍镜观察可见大部分肺泡内充满浆液。由中心向外观察,中心部蓝染部分细胞构造不清楚,其中有淡粉色网状构造,此为肺泡壁残余痕迹。由此中心逐渐向外移动,可见到上皮样细胞层(淡粉色)和淋巴细胞层(圆形细胞),外层为粉红色的肉芽组织层(图14-12)。

A.HE 10×

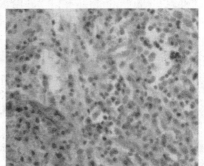
B.HE 10×

**图 14-12  肺脏鼻疽结节**

(3)鼻中隔鼻疽性溃疡  标本为马鼻中隔。一侧黏膜较完整(图14-13A),另一侧有一较大的坏死部,深达黏膜下层,甚至达到软骨上侧,此即鼻疽性溃疡(图14-13B)。溃疡部血管充血较明显,其他部位的黏膜虽然较完整,但假复层柱状上皮较正常增厚。

A.HE 10×

B.HE 10×

图 14-13 鼻中隔溃疡

# 第十五章　寄生虫病病理

## 第一节　鸡球虫病

### 一、实验目的

观察并掌握鸡柔嫩艾美尔球虫感染鸡盲肠病理学变化,以及认识堆型艾美尔球虫感染鸡十二指肠病理学变化。

### 二、实验内容

大体标本:鸡柔嫩艾美尔球虫感染鸡盲肠、鸡堆型艾美尔球虫感染鸡十二指肠。
组织切片:鸡堆型艾美尔球虫感染鸡十二指肠。

### 三、实验标本观察

#### (一)柔嫩艾美尔球虫感染鸡盲肠

1.眼观形态

(1)盲肠显著肿大,较正常粗 2～3 倍,浆膜面暗红色,并见灰白色小斑点。
(2)盲肠腔内充满新鲜血液、暗红色血凝块或混有灰黄色、黄绿色肠黏膜坏死物。
(3)肠壁增厚,黏膜面粗糙,弥漫性出血,见黄白色小坏死灶,出血部固定后呈黑色。

2.组织学形态

(1)盲肠黏膜上皮细胞广泛坏死和脱落。
(2)黏膜下层水肿及出血,淋巴细胞及浆细胞增多。肌层也见同样细胞浸润。
(3)肠黏膜上皮细胞内或肠腔内容物中见多量不同发育阶段的虫体。

#### (二)堆型艾美尔球虫感染鸡十二指肠

1.眼观形态

(1)十二指肠浆膜面血管充血,浆膜表面见有白色梯状外观,个别部位病灶相互融合。
(2)小肠前段至中段肠壁颜色苍白,纵向剖面外翻,肠壁增厚。

2.组织学形态

(1)十二指肠肠绒毛结构松散,萎缩变细,部分脱落。
(2)肠绒毛黏膜上皮细胞排列不整,部分上皮细胞变性、坏死。
(3)空肠黏膜层和肌层结构松散,肌层部分肌纤维断裂。
(4)肠腺底部由于虫体的寄生而结构紊乱,肠腺内可见空泡样结构。

### (三)组织切片观察

(1)堆型艾美尔球虫感染十二指肠切片Ⅰ(图15-1) 切片为该型球虫感染后40 h的十二指肠切片,镜下见肠腺底部有带虫空泡形成(←),空泡内虫体呈椭圆形,蓝色着染。肠腺四周有多量侵入的子孢子,椭圆形或新月形,紧密排列(→)。空肠肠绒毛游离端上皮细胞内可见多量裂殖体,裂殖体呈球形或椭圆形,蓝色着染。

(2)堆型艾美尔球虫感染十二指肠切片Ⅱ(图15-2) 切片为堆型艾美尔球虫感染后132 h的十二指肠切片,镜下见肠腺上皮细胞有球形配子体,损伤肠组织内见大配子体(↓)、小配子体(↑)及孢子体(→)。

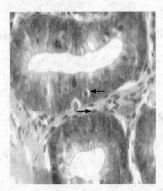

图15-1 堆型艾美尔球虫感染
十二指肠切片Ⅰ(HE 40×)

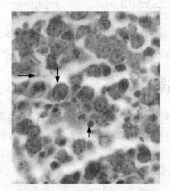

图15-2 堆型艾美尔球虫感染
十二指肠切片Ⅱ(HE 40×)

# 第二节　猪弓形体病

## 一、实验目的

认识和掌握猪弓形体病的病理学变化特点。

## 二、实验内容

大体标本:猪弓形体病肝脏、淋巴结、肾脏、肺脏、心脏。
组织切片:猪弓形体病肝脏、胸腺、肾脏、肺脏、脾脏。

## 三、实验标本观察

### (一)病变观察要点

#### 1.眼观形态

(1)肺脏被膜与小叶间质增厚。肺脏表面及切面见大量针尖大小至粟粒大小灰白色坏死灶。切面支气管断端见混有气泡的淡粉色液体。

(2)肝脏肿大,颜色暗红,被膜紧张,边缘钝圆,表面可见针尖大小至粟粒大小灰黄或灰白色坏死灶。切面隆起,混浊稍湿润,含血量较多,小叶结构不明显。

(3)脾脏轻度肿胀,被膜下有少量小出血点。切面暗红色,湿润,白髓轮廓不清,脾小梁明显并稍疏松。

(4)肾脏变性,表面暗红色,表面及切面可见散在粟粒大小至黄豆大小黄白色坏死灶。

(5)心肌色淡,稍混浊、湿润、房室腔扩张(右心室尤明显),房室内均有血液凝块。

(6)肝脏、胃、肺脏等内脏淋巴结和腹股沟淋巴结肿大,不同程度坏死。

(7)小肠黏膜潮红充血,间质见小出血点,黏膜表面覆有黏液,集合淋巴滤泡和孤立淋巴滤泡轻度肿胀。肠壁断面轻度水肿。

(8)大肠内容物黑色泥样,肠黏膜潮红、糜烂,有出血点或出血斑,孤立淋巴滤泡肿胀。在回盲瓣处常见有黄豆大至榛实大中心凹陷的溃疡灶。

2.组织学形态

(1)肺脏　可见间质性肺炎和浆液性肺炎。肺小叶间质和浆膜由于水肿而显著增厚。细支气管黏膜下层及外膜由于白细胞浸润和浆液渗出而显著增宽。

(2)肝脏　小叶内可见散在的小坏死灶或结节。肝细胞颗粒变性、水泡变性,以及凝固性坏死、溶解,肝窦轮廓残存,病灶周边部位易见到弓形虫。门管区小叶间静脉扩张充血,血管周围有淋巴细胞及嗜酸性粒细胞浸润。

(3)脾脏　动脉周围淋巴鞘增厚,管腔变细。白髓中央动脉周围淋巴细胞数量显著减少,有散在的红染纤维素样坏死灶。

(4)心脏　心肌细胞颗粒变性和水泡变性。心肌细胞间、肌束间因水肿形成裂隙。

(5)肾脏　肾小球膨大,富核。肾小管上皮细胞变性、坏死,管腔中可见管型物。

(6)淋巴结　坏死性淋巴结炎,以腹股沟、肝门和肺门淋巴结为显著。淋巴窦内皮细胞及单核细胞胞浆内有弓形虫虫体。

(7)小肠　肠黏膜上皮细胞变性、剥落。黏膜固有层及黏膜下层炎性水肿。黏膜固有层中见有淋巴细胞、嗜酸性粒细胞及少量巨噬细胞浸润。

## (二)大体标本观察

(1)猪弓形体病肝脏　肿大,边缘钝圆,被膜紧张,表面有多量黄白色点状坏死灶。

(2)猪弓形体病淋巴结　淋巴结明显水肿,表面及切面有坏死灶,淋巴滤泡结构消失。

(3)猪弓形体病肾脏　见肾脏表面大部分为暗红色,部分区域为淡黄褐色。

(4)猪弓形体病心脏　见明显心包炎变化,心包增厚。

(5)猪弓形体病肺脏　呈现明显的间质性肺炎特点,小叶间隔明显,肺脏表面及切面见粟粒大小灰白色坏死灶。

## (三)组织切片观察

(1)猪弓形体病肺脏　镜下见间质性肺炎变化(图15-3),并可见坏死灶、炎性细胞浸润及血管周围炎,血管管腔闭合(图15-4)。

(2)猪弓形体病脾脏　镜下可见脾窦巨噬细胞内虫体二分裂。

(3)猪弓形体病胸腺　镜下可见胸腺皮质嗜酸性粒细胞大量浸润。

(4)猪弓形体病肾脏　镜下可见肾小球囊腔内有红色蛋白样滴状物,肾小管上皮细胞脂肪变性及坏死。

(5)猪弓形体病肝脏　镜下可见肝脏肝小叶内出血性坏死灶。

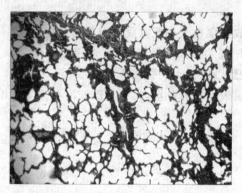

图 15-3　弓形体病间质性肺炎(HE 10×)

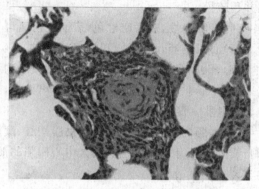

图 15-4　猪弓形体病肺脏(HE 40×)

# 第十六章　支原体性疾病病理

## 第一节　牛传染性胸膜肺炎

### 一、实验目的

掌握牛传染性胸膜肺炎的病理学变化。

### 二、实验内容

大体标本:牛传染性胸膜肺炎、牛传染性胸膜肺炎坏死块。
组织切片:牛传染性胸膜肺炎

### 三、实验标本观察

#### (一)病变观察要点

1.眼观形态
(1)肺脏实质多色,大理石样变化明显。
(2)肺脏间质多孔,水肿明显。

2.组织学形态
(1)纤维素性肺炎多期变化。
(2)血管周围机化灶。
(3)呼吸性细支气管周围机化灶。
(4)肺脏淋巴结表现为出血性淋巴结炎变化。

#### (二)大体标本观察

(1)牛传染性胸膜肺炎　标本切面上端颜色为红色,逐渐向下变成灰白色。首先由上端观察,可见到所有血管内都充满血凝块,该部位眼观即可较清楚认出其增厚的肺泡壁,这是由于肺泡壁毛细血管扩张充血使肺脏该部位呈深红色,肺泡内含有浆液性渗出物,间质白色透明,呈水肿状态,此部即为纤维素性肺炎的充血期变化。

其次观察标本的中间部分,其颜色呈暗红色,虽然尚能认出部分肺泡,但其大部分肺泡内充满渗出物(浆液、纤维素、红细胞、白细胞),因而使该部位比较致密,间质除水肿外,其中混有灰白色絮状物,有的血管内有混合性血栓,此部分为纤维素性肺炎的红色肝样变期(红色肝样变期特征不是非常明显)。

标本最下端和标本背面均呈灰白色,肺泡及小支气管完全被渗出物(主要是纤维素和白细胞)所充满,因而切片特别致密,间质变化与红色肝样变期大致相同,此为纤维素性肺炎的灰色肝样变期。此外,在胸膜面上覆有灰白色片状凝块,此为纤维素性胸膜炎的渗出物凝结而形成。

(2)牛传染性胸膜肺炎 变化与上述标本相似,唯其变化主要是红色肝样变期及灰色肝样变期的变化。在标本的下端呈暗红色,而且致密,肺泡的网眼已辨认不出,此即红色肝样变期的变化。在红色肝样变部分之间有呈红灰色的病灶,此为逐渐移行于灰色肝样变期的区域,在标本的中央为灰色肝样变期。

(3)牛传染性胸膜肺炎坏死块 标本为牛传染性胸膜肺炎后期变化。在肺脏的切面上有一块特别致密的部分,该部位虽然仍保持有牛肺疫特有的多色大理石样及多孔状外观,但颜色特别淡,而且粗糙,构造不清,有易脱落碎屑的感觉,尤其周围已呈溶解状态,坏死块周围包有一层很厚的结缔组织性包囊(固定前包囊被人工剥离)。

### (三)组织切片观察

牛传染性胸膜肺炎:首先在低倍镜下观察,肺脏的组织结构改变较大,特别是间质显著增宽,肺脏实质肺泡轮廓尚清楚,有些肺泡壁显著充血,肺泡充满浆液纤维性渗出物,渗出物中有多数白细胞,有些部位充血不明显而细胞浸润特别显著。再用高倍镜分别观察显著充血部位,见肺泡壁毛细血管高度扩张充血,肺泡壁增厚。肺泡腔内充满含有多数白细胞和红细胞的浆液纤维素性渗出物,其中有些肺泡内充满红细胞,此为纤维素性肺炎的红色肝变期部位(图16-1,彩图16-1)。渗出物中有黑褐色者为含铁血黄素,这些色素被吞噬细胞所吞噬(所谓心脏病性细胞)。充血消失而白细胞浸润明显部位为纤维素性肺炎的灰色肝变期部位(图16-2),肝变期部位内的细支气管黏膜上皮细胞排列不整,管腔内充满纤维素性和细胞性渗出物,其中的细胞核多数崩解,该部位的血管周围细胞浸润很明显。

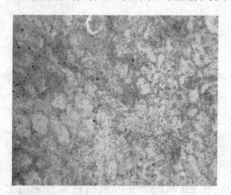

图16-1 牛传染性胸膜肺炎(HE 10×)

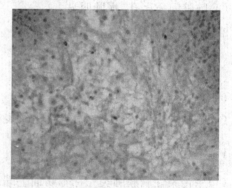

图16-2 牛传染性胸膜肺炎(HE 20×)

注意观察肺脏间质中的机化灶。在间质水肿、淋巴栓和淋巴管扩张之间有呈岛屿状的完整结缔组织,这些结缔组织细胞呈梭形,围绕于细支气管或血管的周围,管壁周围较远处细胞稀少,呈白色透明状(水肿),此即透明区。透明区与间质水肿或淋巴管相接部有特别显著的由大量核崩解而形成的核崩解区,这些即为血管周围机化灶和支气管周围机化灶。

# 附　录

## 附录 I　病理大体标本制作

### 一、大体标本的收集

大体病变标本的收集工作主要依赖病理工作人员在解剖动物尸体或在进行活体病变检查时发现并收集。在日常的动物临床剖检工作中,应注意收集典型具有教学价值和适合固定后展示的病理标本来不断地补充教学内容。标本收集是一项有意义的长期连续性工作。当遇到典型病变标本的时候,首先要保护病变特点和器官完整性,经过适当取材和修整后及时固定。标本采取是大体标本制作的关键一环。

### 二、大体标本的取材

标本取材以新鲜为好,标本摘除后要及时并仔细处理,去除多余组织,平整切面。需做病理组织学检查时,可自标本背面采取组织材料块;当需要从前面采取时,要用手术刀整齐切取,以不影响标本病变观察为原则。采取的标本应及时固定,不宜长时间暴露空气中,如果标本水分丢失,则标本将干枯,颜色和形状都会变化,如标本体积缩小,形状扭曲,颜色变黑等,标本病变失真后即失去保留意义。标本固定后其形状无法改变,一般不宜再作新切面。实际工作中,应根据标本形状和大小采用相应固定方法,现分述如下。

(1)实质性器官　实质性器官(如肝、脾等)质地较硬实,不易被固定液穿透。固定前常用刀片沿器官长轴平整切成 1~2 cm 厚若干片,将欲展示的切面向上放在固定容器中,标本下面可垫上脱脂棉以防止底部和固定瓶接触而无固定液渗入。如需完整保留脏器,需先经血管灌注固定,再将标本放入固定液中固定。

(2)空腔器官　采取空腔器官(如胃、肠等)标本时,需先把浆膜面附带的脂肪去除,之后将器官剪开使黏膜面朝上,顺自然形状用大头针于器官周边固定在硬纸板上,之后使黏膜面向下悬于固定液中。大头针不要伤及黏膜,针尖可斜向刺入浆膜。针对膀胱、胆囊等标本,可填充脱脂棉再行固定以保持原有形状。

(3)脑　如果需要保留完整脑器官来观察脑表面病变,固定前先用生理盐水经脑基底动脉把血管中的血液冲洗干净,再用固定液充分灌注。为防止脑在固定时受压变形,可用缝线穿过脑基底动脉并把脑放入固定液中,再将缝线两头提起使之悬于固定液中。若病变不在脑的表面,最好将脑切开后分开固定。切开固定比完整固定效果好。

(4)心脏　心脏经固定液固定后收缩,当病变在心脏内表面时,通常要剖开以展示主要病变,而后再进行固定。

(5)肺脏　肺脏组织较疏松,固定液较易渗透,可完整固定或切开固定,但肺组织会在固定液中漂浮,因此在固定时肺脏标本上面可覆盖脱脂棉以防表面干燥。

（6）肾脏　摘除肾脏后，可先检查表面。之后用刀自肾脏外侧切向肾门，将肾切成两半。检查肾脏实质和肾盂，据病变位置决定保留哪一侧肾脏或保留双侧。

（7）骨组织标本　骨组织坚硬，制作标本难度较大。如果只需观察骨正常结构，可用锯做一整齐剖面。实际工作中，骨组织标本制作的主要内容是骨肿瘤。骨肿瘤标本的固定同软组织标本固定，固定时间可适当延长，因骨组织坚硬，骨肿瘤组织也较致密。

固定标本应该选择较大容器，固定液要充足，一般为标本体积的 10 倍。一般情况下，应先配制固定液，再放入标本。

### 三、大体标本的固定和保存

1.大体标本的固定液

（1）福尔马林法固定　市售甲醛浓度一般为 40%（又称福尔马林），通常作为 100% 使用。固定组织的使用浓度为 10%（40% 的甲醛原液 10 mL 加蒸馏水 90 mL），习惯称 10% 福尔马林溶液。标本大小不同，固定时间不同，一般 7～14 d。之后用水冲洗 12～24 h，去除多余组织，放于容器内后再添加 10% 福尔马林液并封装。固定后的标本变硬，颜色灰白。

（2）麦兆煌氏法固定　麦兆煌氏法固定所用药品均价廉易得，标本色泽经久不变，固定需使用 3 种液体：

①固定液　甲醛液（37%～40%）100 mL；醋酸钠 50 g；水 1 000 mL。固定 3 周后转入第二液，使标本回色。

②第二液　85%～90% 酒精，固定 2～4 h。

③保存液　硫酸镁 100 g；醋酸钠 50～80 g；蒸馏水 1 000 mL；麝香草酚少量。

（3）原色保存液　标本经 10% 福尔马林固定液固定约 1 周，取出后用自来水冲洗 12～24 h，晾干后放入 70%～80% 酒精中 4～8 h 回色，当色泽回复后取出标本，晾干，再放入饱和盐水中封固。可用硫酸镁 100 g，醋酸钠 50～80 g，蒸馏水 1000 mL 代替饱和盐水。

2.封固和标签

大体标本可用玻璃标本瓶或有机玻璃标本瓶，标本不放在太阳直射及温度较高的房间。标本装瓶后要贴标签，标明器官名称、病变名称、日期及编号等必要项目。

# 附录 Ⅱ　病理组织学切片制作与观察

## 一、病理材料采取

由于各种疾病的病变部位不同，故须根据不同病例在不同部位采取组织。如疑有狂犬病时应切取大脑的海马角、小脑和延脑；疑有栓塞致死时，须检查脑、心室和肾等器官；有马传染性贫血可疑时要切取肝、脾、心、肾和淋巴结等器官；如方向不明时则宜多方面取材料。

要选择正常与病灶交界处的组织块，其中应包括该器官的重要构造，如具有被膜的器官（如肝、肾和脾）至少有一块带有被膜。切取组织块的厚度以 2～4 mm 为宜，最厚不应超过 1 cm，面积不小于 1.5～3 cm$^2$，以使之能迅速彻底固定。

## 二、病理材料固定

### 1.固定的方法

由于固定的目的是在于尽量使组织和细胞保持与生活时相仿的成分和形态,固定的组织愈新鲜愈好,否则易使组织原有构造消失,影响观察。在切取组织时,宜用锋利的刀、剪,并且要求轻轻使用镊子,不宜过于用力,以免挫伤或压挤组织,勿使组织的构造受到损伤和影响。组织块的大小一般约以 1.5 cm×1.5 cm×0.2 cm 为宜。固定组织时,应使用足量的固定液,固定液量一般不少于组织总体积的 4 倍。

对于某些需要制作神经染色和酶反应等的组织固定,要求比一般严格。组织的大小、固定的时间、温度的适当都应慎重考虑。

固定的容器不宜过小,防止组织与容器粘贴,以避免固定不良现象的发生。组织块固定时切忌弯曲扭转,薄片组织块(如肠、胃、膀胱和胆囊等)可先平放于硬纸片上,然后慢慢放入固定液中。组织块不能使之直接接触容器的壁和底,可用脱脂棉或纱布垫于底和壁上,或用纱布将各部材料分别包上,包内放入标签,标签要用铅笔书写,然后浸入固定液中。

在固定容器表面贴上标签,标明标本名称和编号。

### 2.固定剂和固定液

(1)乙醇　80%酒精固定数小时,然后再换 95%酒精固定。

(2)甲醛　市售甲醛为 40%甲醛水溶剂。一般作为固定使用的甲醛溶液浓度为 4%。

(3)重铬酸钾　重铬酸钾以其 0.5%的水溶液作为固定用。

(4)醋酸　又称冰醋酸,固定常用 5%溶液。

(5)苦味酸　苦味酸通常固定的浓度是饱和液。

(6)升汞　一般固定用饱和水溶液。

(7)各种复合型固定液　复合型固定液固定效果更好,主要的复合型固定液有 Zenker 氏液、Helly 氏液、Muller 氏液、Bouin 氏液和 Carnoy 氏液。

## 三、脱水、透明、浸蜡与包埋

### 1.脱水

组织经过固定和水洗含大量水分,而水与石蜡不相溶。所以在浸蜡、包埋前,必须将组织内的水分脱去。最普通使用的脱水剂是酒精。

一般的脱水过程和时间如下:70%酒精 2～4 h;80%酒精 2～4 h;95%酒精 2～4 h;95%酒精 2～4 h;100%酒精 1～2 h。

需要指出,脱水时间应该根据组织种类不同和体积大小而灵活掌握,不必拘泥于上述规定时间。酒精是最常用的脱水剂,其他如丙酮、正丁醇和二氧己环等也具有脱水作用。

### 2.透明

酒精等脱水剂不能与石蜡互溶。因此酒精脱水后浸蜡前,还需一个既能与酒精又能和石蜡互溶的媒介,以便让石蜡渗入到组织中。二甲苯是常采用的透明剂,既能与酒精又能与石蜡互溶,是目前石蜡切片制作中应用广泛的透明剂。

以二甲苯透明组织时,一般是更换两次二甲苯,每次 10～15 min。次数多少和时间长短依组织的种类、大小、液体新旧等条件而不同。

### 3.浸蜡

组织经透明后,移入熔化的石蜡内称为浸蜡。浸蜡过程中应更换石蜡两次或三次。有书中介绍,在第一次使用的石蜡内加放一些二甲苯,或者第一次使用熔点较低的软石蜡,之后第二次使用熔点较高的硬蜡,第三次更换高熔点硬蜡后可以使石蜡分子很快浸透到组织中去。

石蜡熔点一般要在 $52\sim56℃$ 之间。实际使用时也要考虑制片时的气候和室温。气温高时宜采用熔点较高的石蜡,寒冷季节可采用熔点较低的石蜡。

浸蜡的参考时间一般是三步石蜡总共放置 $3\sim4$ h。浸蜡时间长短依据组织种类、大小和温度高低等而变化,比如组织块较小时浸蜡 1.5 h,时间不宜过长,过长则可造成组织的脆硬。浸蜡时间也不宜过短,浸蜡不足得不到连续完好的切片。

### 4.包埋

包埋是将经过固定、脱水、透明、浸蜡的组织块用石蜡包埋起来。使组织具备一定硬度和韧度而便于切片。常用包埋方法为石蜡包埋。以石蜡包埋时,先将熔化的石蜡倒入组织包埋框内,之后用镊子将浸蜡的组织块放于包埋框内的液体石蜡中。进行包埋时,应先考虑到需要观察的组织切面,选择组织块放入的方向。此外,还要注意蜡的温度和组织块的温度是否一致或相近,否则可造成组织与石蜡间出现裂缝而达不到包埋作用。包埋好后待石蜡凝固,用刀片把石蜡块周边修切完整,去除组织外围多余石蜡。

## 四、石蜡切片和附贴

以石蜡制作的切片,可制成厚度在 $4\sim6$ μm 的切片。如果有必要,可以切到 2 μm。制作石蜡切片时,多使用轮转式切片机。切片时,将石蜡包埋好的组织块底部加热固定在木块上,再转至切片机上,调整好刀片角度后便可摇动切片机的转轮进行切片。正式切片前需要粗切至组织暴露在切面,之后根据需要,适当调节切片厚度。

附贴时以弯头镊子或挑针轻轻钳牢或挑起已切好切片,立即放入温水(约52℃)中,平摊于水面上。再用镊子细心地将切片上细小的皱折展开。然后用镊子把每张切片分开。选取完整且没有皱折和破碎的切片附贴于处理好的载玻片上。待切片被贴于载玻片上,再用镊子帮助摆正方向。组织片的位置最好是放于载玻片中央稍微偏左的位置,以便载玻片右边粘贴标签。切片制好后需要烘干,一般是在60℃左右的温箱内放置半小时,或者放于37℃温箱中过夜烘干,次日染色。

## 五、染色与封片

### (一)染色原理

#### 1.染色的化学反应

酸性染料中的酸性部分有染色作用的是阴离子;碱性染料中的碱性部分有染色作用的是阳离子。细胞内同时含有酸性和碱性物质,酸性物质与碱性染料的阳离子相结合,碱性物质与酸性染料的阴离子相结合,所以细胞核(酸性)被盐基性染料苏木素所染,胞浆(碱性)被酸性染料伊红所染。

2.染色的物理现象

(1)吸附作用　吸附作用的概念是由染液分散的色素粒子(particle)侵入被染物质的粒子间隙内,因受分子引力作用,色素粒子被吸附而染色。

(2)吸收作用　组织吸收染料后与之牢固结合。组织的着色与溶液的颜色相同;如用苏丹Ⅲ染脂肪,应当是一种溶解吸收现象,即苏丹溶液溶于脂肪之中。

## (二)普通染色法程序

石蜡切片苏木素-伊红染色法的程序简介如下:

1.脱蜡

(1)二甲苯Ⅰ　1～2 min。石蜡切片烘干后浸入二甲苯中1～2 min即可看到组织周围的白色石蜡被二甲苯溶解,此时切片转成透明状态。如发现切片上有白雾存在,表明切片未充分干燥,应取出待二甲苯挥发,进行充分干燥后再做。

(2)二甲苯Ⅱ　1～2 min。将切片从二甲苯Ⅰ中移入二甲苯Ⅱ中,同时可在二甲苯Ⅱ中轻轻涮洗1～2 min。

(3)95％酒精1 min。待残留于切片上的二甲苯挥发后移入95％酒精内彻底洗去二甲苯。

(4)95％酒精1 min。

(5)80％酒精1 min。

(6)自来水洗片刻。

(7)蒸馏水洗片刻。

以石蜡包埋所制成的切片,在染色之前必须经过脱蜡过程才能染色。当石蜡被二甲苯溶解后,还需将二甲苯洗去。95％酒精既能与二甲苯混合又能与水混合,所以多用梯度酒精除去二甲苯,直至组织浸于水中。切片于二甲苯中脱蜡的时间宁长勿短,时间过短会由于脱蜡不净而影响染色。

2.染色

(1)苏木素浸染4～10 min。经过水洗涤后的切片放入苏木素染液中,一般浸染15 min左右,或者根据所使用染色液放置时间的长短而适当调整。

(2)自来水洗片刻。

(3)1％盐酸酒精分化3～5 s。1％盐酸酒精(1 mL盐酸溶于99 mL70％酒精中)分化数秒钟,可涮洗2～3次来掌握时间。

(4)自来水冲洗(蓝化)片刻至数小时。

(5)0.5％伊红浸染5～10 min。

(6)水洗片刻。

上述步骤为浸染过程,所列染色时间仅供参考,操作时应根据具体条件适当的调节,例如,苏木素染色时间的长短要依据气候冷暖、染液的新旧和组织差别,以及组织固定所用固定液不同而有所区别。一般情况下,可先染数分钟,取出在显微镜下检查,如果着色不足,则可再延长5～10 min或更长时间。苏木素染色后要通过盐酸酒精分化使着色程度恰当,因此在苏木素染色时可以稍微着染深一些,使其不致由于盐酸酒精分化而过淡。盐酸酒精分化的步骤,可以说是苏木素-伊红染色法的关键之处,需要根据操作经验的积累来控制。

在盐酸酒精中的切片由于酸化会很快地从原来的紫色变成红色,颜色脱得较快。如果放置时间稍久,颜色可脱尽,分化适当的时候应立即投入自来水中洗去酸液,否则残存在切片上的盐酸酒精仍然进行着脱色作用。冲洗时间一般应在 15 min 至数小时,俟切片呈现蓝色时再进行下一步伊红染色。胞浆着染浓淡应以苏木素胞核着染的浓淡为标准,以达到对比鲜明的效果。伊红一般染 1~2 min,同样应依溶液新旧、气候等条件而定。

3.脱水、透明、封固

(1)95%酒精Ⅰ 1~2 min。

(2)95%酒精Ⅱ 1~2 min。

(3)纯酒精Ⅰ 1~2 min。

(4)纯酒精Ⅱ 1~2 min。

(5)二甲苯Ⅰ 1~2 min。

(6)二甲苯Ⅱ 1~2 min。

(7)树胶封固。

## 六、病理组织学变化观察

参照兽医病理解剖学实验指导参考程序进行检查,并详细记录各种组织的病理组织学变化,运用所学过的各种兽医病理学知识,对所观察的各种病理学变化进行分析、归纳和总结,得出结论。选择一种或两种观察的病理组织学切片进行绘图,并提交绘图报告。

## 七、石蜡组织切片制作全过程的注意事项

### (一)石蜡切片注意事项

(1)组织脱水、透明和浸蜡    在脱水过程中,所用各级酒精的纯度应尽量保持,以便将组织内的水分彻底脱去。在无水酒精中的时间不宜过长,以防组织过硬,造成切片不顺畅。如果无水酒精中含有水分,则组织脱水不彻底。这种含有水分的组织二甲苯不能完全浸入,造成切片无法透明而呈现混浊现象。此时可将组织重行在新无水酒精中脱水。透明所用二甲苯应保持纯度,否则透明难以充分,不利于石蜡渗透。组织在二甲苯中的时间需要严格掌握,时间过长则组织脆硬易碎,时间过短石蜡不易浸入。因为透明所需时间较短,所以透明时间必须注意。浸蜡的温度不可以过高,一般应调节在 54~56℃。温度过高时会使组织变脆。浸蜡时间应适当严格控制。

(2)包埋    石蜡温度不可过高,以防烫伤组织。所用镊子也不可烧得过烫,以免在取组织时灼伤组织,造成切片制成后的不良后果。包埋时应根据观察需要而选择组织块摆放方向。

(3)石蜡切片    切片刀要锋利,否则切片时会自行卷起,导致不能顺利将切片切成连续的条带状。切片刀如有缺口存在,切片会断裂、破碎和不完整。切片机各个零件和螺丝应旋紧,否则产生震动可导致切片厚薄不均。在摇动切片机时用力要均匀,避免震动。遇有较硬的脑、肝脏、脾脏等组织时,应轻摇切片,以防组织由于震动而形成空洞现象。切片刀放置角度以 20°~30°为好。过大则切片上卷,不能连接一起,过小则切片皱起。

### (二)染色时注意事项

(1)作为染料的溶媒主要是蒸馏水和酒精,以蒸馏水为多。采用浓度较稀的染色液时,组织切片要经过较长时间的浸染才可以得到满意的染色效果。如果组织切片不易着色,可采用浓度较高的染色剂。染色剂 pH 与染色作用关系密切。染液或试剂有沉淀,用前应过滤。

(2)组织切片的脱蜡应彻底,否则染色效果不好,染色时间的长短需根据染色液对组织的染色作用、染色时的室温条件、切片的厚薄、固定液的类别以及染色液的新旧等有所变异,染色时可使用显微镜观察染色程度。一般增高温度可促进染色,冬季室温低时需加温。

(3)分化是染色成败的关键。分化不当会引起染色不均、过淡或过深等现象。因此有必要在显微镜下观察来进行控制。组织切片脱水、透明等步骤必须彻底,否则切片呈云雾状。

(4)组织切片封固时,应注意中性树胶的浓度,以能滴下成珠为好,如果过稀则易于溢出盖玻片,而且二甲苯挥发后的组织切片会因树胶收缩而产生气泡;如果过浓则在加上盖玻片后,树胶不易散开,出现气泡时不易除去。

封固组织切片时,切片上可剩余适量二甲苯,过多或过少均可引起封固时产生气泡。若切片见有少数气泡时,可用眼科小镊子轻压消除。树胶封固时要注意避免口、鼻呼出气体接触到载玻片,否则切片呈云雾状。在潮湿的环境里,封固动作必须快速。树胶不要滴得过多,以免溢出盖玻片,但太少又不能到达盖玻片边缘。

(5)组织切片在染色前应遮盖保存,以防灰尘落入。染后的切片应妥善保存,避免日光照射而褪色。在染色过程中,组织切片偶有脱离玻片现象,原因如下:载玻片不清洁;附片时的水温过低;烤片时间不足或烤片温度不够而急于染色;组织块脱水不好,影响后续的浸蜡和切片过程;组织过干或过硬,难切成片;浸蜡时间过长可致组织硬脆。

# 参 考 文 献

1. 周志勇,李广兴.兽医病理解剖学实验.哈尔滨:东北农业大学自编教材,2000.
2. 张瑞莉.兽医病理解剖学实验.哈尔滨:东北农业大学自编教材,2004.
3. 马德星.兽医病理解剖学实验技术.北京:化学工业出版社,2009.
4. 马德星.动物病理解剖学.北京:化学工业出版社,2011.
5. 李广兴.动物病理解剖学.哈尔滨:黑龙江科学技术出版社,2005.
6. 郑世民.兽医病理诊断技术.北京:中国农业出版社,2007.
7. 陈怀涛.动物疾病诊断病理学.北京:中国农业出版社,2012.
8. 佘锐萍.动物病理学.北京:中国农业出版社,2010.
9. 高丰,贺文琦.动物病理解剖学.北京:科学出版社,2008.

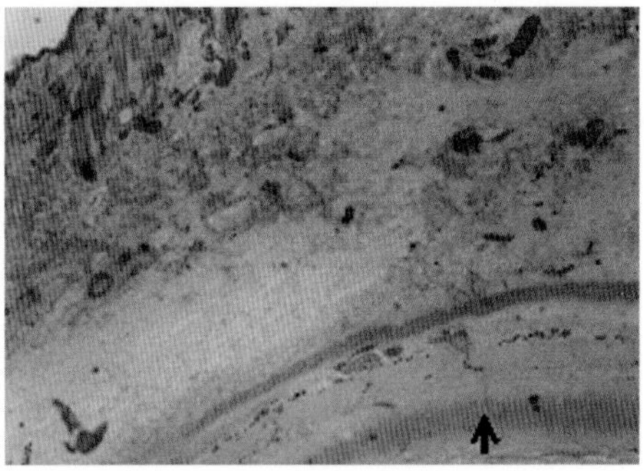

彩图 1-2B　皮下炎性水肿(HE 10×)视野二

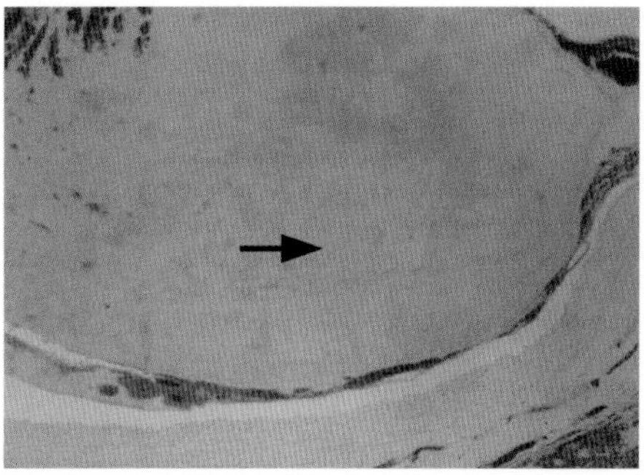

彩图 1-10　肺脏血管白色血栓(HE 10×)

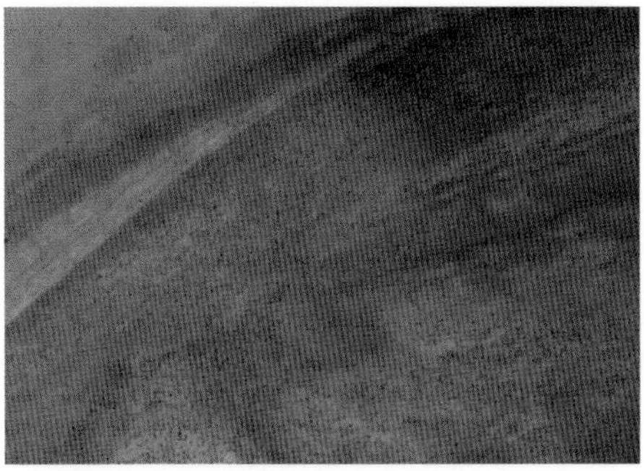

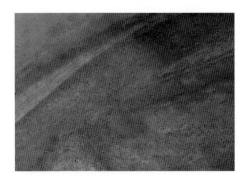

彩图 1-11　主动脉附壁混合血栓(HE 10×)

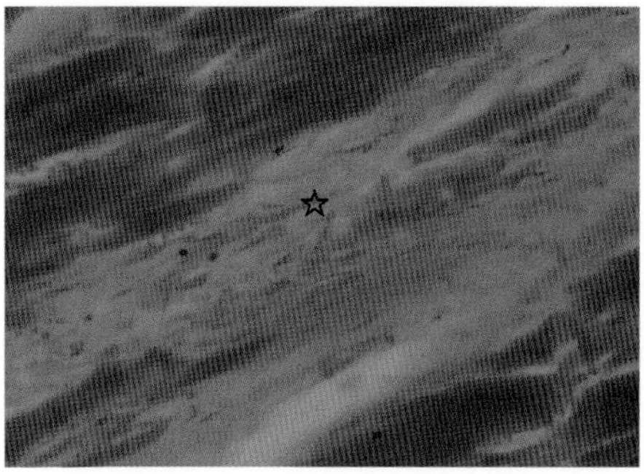

彩图 2-9　心肌胼胝(HE 40×)

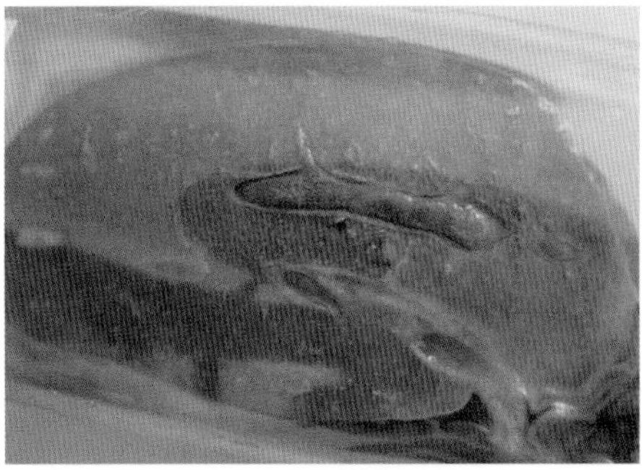

彩图 2-12　脂肪肝(大体标本苏丹Ⅲ染色)

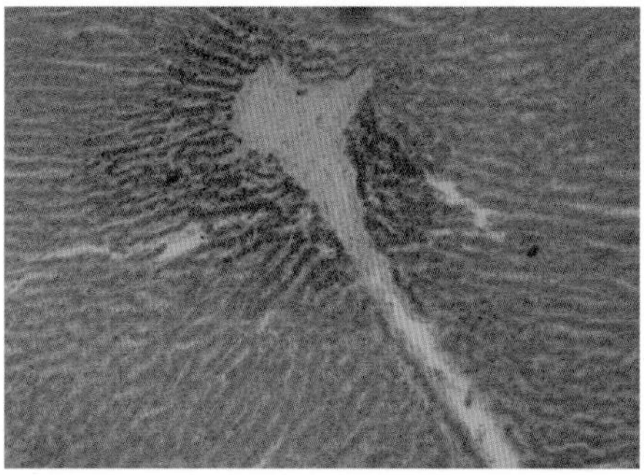

彩图 2-14　肝脏脂肪变性(苏丹Ⅲ染色 10×)

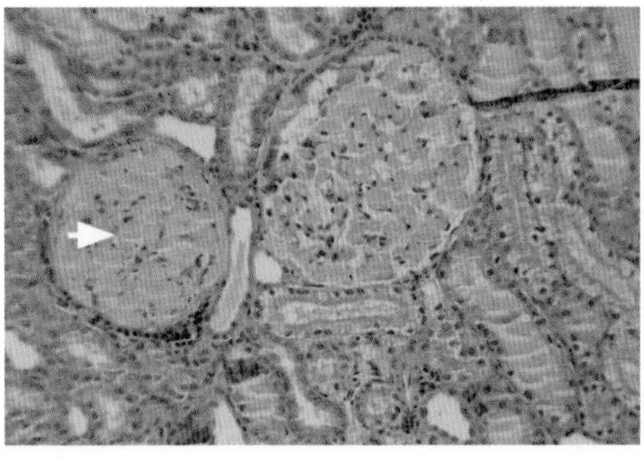

彩图 2-16A　肾脏淀粉样变(HE 20×)

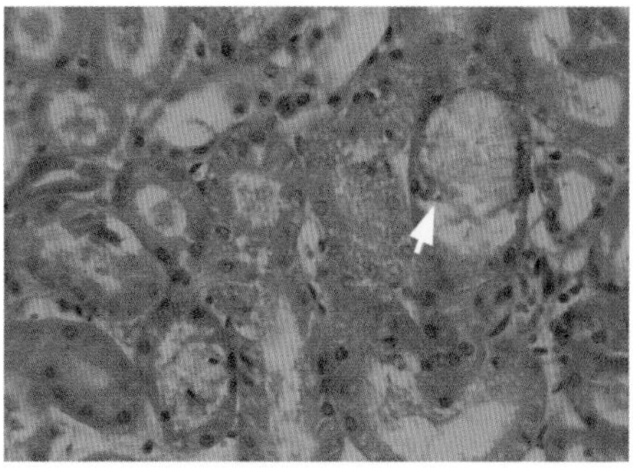

彩图 2-20A　肾脏草酸盐沉积(HE 20×)

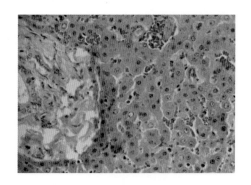

彩图 2-24A　肝细胞坏死（HE 20×）

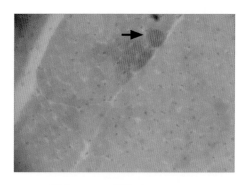

彩图 3-1　心肌肥大（HE 10×）

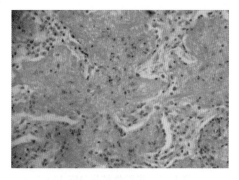

彩图 4-4B　浆液纤维素性肺炎（HE 20×）视野二

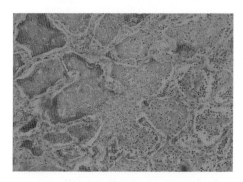

彩图 4-5A　纤维素性化脓性肺炎（HE 10×）

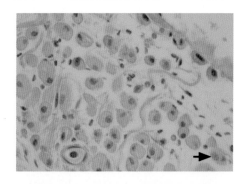

彩图 4-10B　脂肪组织肉芽肿（HE 40×）

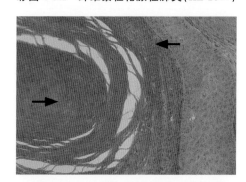

彩图 5-5　鳞状上皮癌（HE 20×）

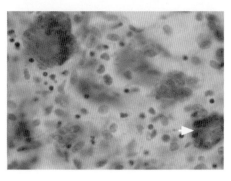

彩图 6-1B　纤维素性心包炎（HE 40×）

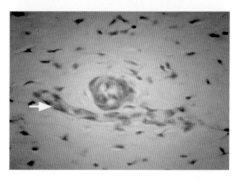

彩图 6-4　疣赘性心内膜炎（HE 20×）

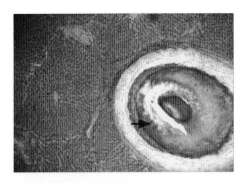

彩图 8-3A　实质性肝炎(HE 10×)

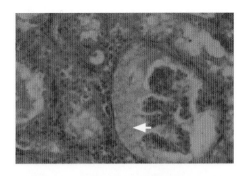

彩图 9-2　慢性肾小球性肾炎(HE 40×)

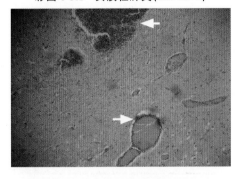

彩图 11-1A　非化脓性脑炎(HE 20×)

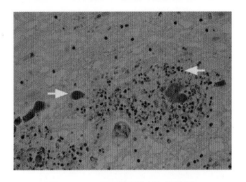

彩图 11-2　化脓性脑炎(HE 10×)

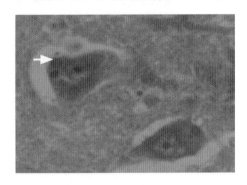

彩图 13-3B　狂犬病(HE 20×)

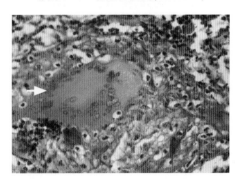

彩图 14-8B　腋窝淋巴结结核(HE 40×)

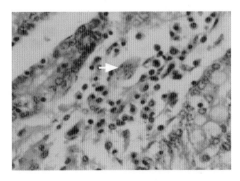

彩图 14-11B　牛副结核性肠炎(HE 40×)

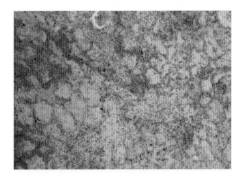

彩图 16-1　牛传染性胸膜肺炎(HE 10×)

# 附：正常组织图版

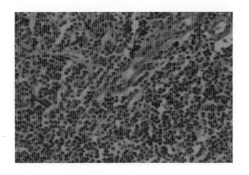

牛淋巴结组织（HE 10×）

牛脾脏组织（HE 10×）

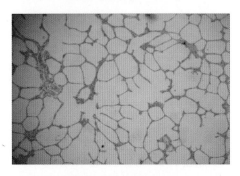

猪肺脏组织（HE 10×）

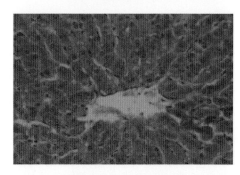

猪肝脏组织（HE 40×）

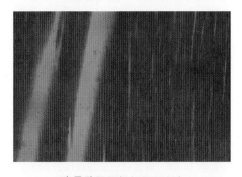

猪骨骼肌组织（HE 10×）

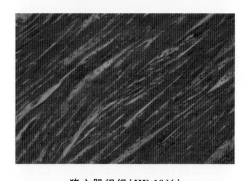

猪心肌组织（HE 10×）

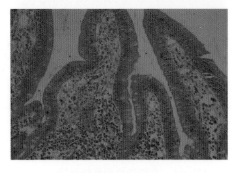

牛空肠组织（HE 20×）

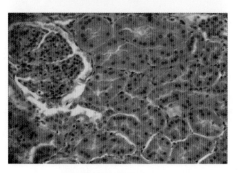

牛肾脏组织（HE 10×）